Microseismic fracture monitoring and
its application in tight reservoirs

致密储层微地震裂缝
监测方法及应用

左乾坤　钮凤林　田浩　著

重庆大学出版社

内容提要

　　本书介绍了微地震监测技术的原理、方法和应用,深入探讨了其在致密储层裂缝拓展过程中的作用及应用案例。本书共七章,分别为绪论、微地震与声发射监测方法及原理、基于双差法的声发射定位研究、基于能量反投影的声发射研究、实验室岩石裂缝破裂声发射研究、水力压裂微地震裂缝监测研究、结论。

　　本书适合地质工作者、油田工程师、地震学研究者及相关专业学生阅读,特别是对研究地震监测技术在油气勘探与开发中的应用有兴趣的人群。

图书在版编目(CIP)数据

致密储层微地震裂缝监测方法及应用／左乾坤,钮凤林,田浩著. -- 重庆:重庆大学出版社,2024.6
ISBN 978-7-5689-4455-7

Ⅰ.①致… Ⅱ.①左…②钮…③田… Ⅲ.①致密砂岩—砂岩储集层—地震监测 Ⅳ.①P618.130.2

中国国家版本馆 CIP 数据核字(2024)第 072198 号

致密储层微地震裂缝监测方法及应用
ZHIMI CHUCENG WEIDIZHEN LIEFENG JIANCE FANGFA JI YINGYONG
左乾坤 钮凤林 田 浩 著
策划编辑:范 琪

责任编辑:杨育彪 版式设计:范 琪
责任校对:谢 芳 责任印制:张 策

*

重庆大学出版社出版发行
出版人:陈晓阳
社址:重庆市沙坪坝区大学城西路 21 号
邮编:401331
电话:(023)88617190 88617185(中小学)
传真:(023)88617186 88617166
网址:http://www.cqup.com.cn
邮箱:fxk@ cqup.com.cn(营销中心)
全国新华书店经销
重庆亘鑫印务有限公司印刷

*

开本:720mm×1020mm 1/16 印张:8.75 字数:126 千
2024 年 6 月第 1 版 2024 年 6 月第 1 次印刷
ISBN 978-7-5689-4455-7 定价:58.00 元

前　言

页岩气开发的核心技术是储层压裂改造。研究裂缝拓展和展布对储层压裂设计和施工、产能评价至关重要。通过微地震技术监测水力压裂对储层渗透率的改善效果是一种重要方法,如何利用微地震事件的时空分布和震源机制解来描述缝网的形成及发展过程是其中的关键,目前已经有许多学者对这一方向进行了大量深入的工作。但是,储层埋深一般在地下3 000 m左右,微地震方法得到的裂缝展布和裂缝拓展过程难以通过其他方法验证。由于水力压裂生产和实验室的岩石声发射可以类比,因此可以研究实验室岩石破裂过程中的裂缝拓展。前人的定位方法一般利用的是走时或能量的信息,但速度模型不均匀或各向异性较大,定位结果存在很大误差;另外,他们把微地震当作一个点源来处理,丢失了很多有用的信息,无法准确描述微地震裂缝的信息。

本书通过对页岩样品的声发射实验(真三轴水力压裂),用探头记录压裂过程中产生的声发射信号波形,利用双差定位得到声发射事件的准确相对位置,同时用反投影的方法对裂缝的迁移进行成像,最后得到裂缝形态、方位和倾角信息;在压裂过程中同时用电子计算机断层扫描(CT)技术扫描得到岩石内部微破裂的展布和拓展过程。对比两种方法得到的结果,深入分析微地震技术在反演裂缝拓展过程中的精度,建立微地震和微裂缝破裂过程的关系,并将该关系应用到实际水力压裂生产中。

通过研究,得到了以下结论:

(1)双边监测比单边监测误差小,而单边监测会使裂缝面倾角变小;速度估算偏大,定位结果发散,速度估算偏小,定位结果收缩;震源定位误差随着距离检波器中心点位置的增大而增大,对于同一震中距,深度越浅,速度模型估算误差带来的影响也越大;各向异性会对定位产生影响,在精确定位或者裂缝解释时,应该考虑到各向异性。能量反投影方法利用波形信息,可以获取声发射和水力压裂过程中的微地震破裂面的形态;相位加权叠加可以大幅度提高能量反投影方法的成像精度;成像分辨率由 Rayleigh 准则控制。

(2)声发射率特征变化与泵压变化一致,即泵压增大,声发射率升高,泵压减小,声发射率降低;双差定位法可以获得裂缝的形态信息,通过与 CT 扫描切片进行对比,验证了该定位算法的正确性,垂直于裂缝方向定位位置会出现偏离,震级小的声发射事件不能与 CT 扫描图对应一致;能量反投影可以勾勒出微观岩石裂缝破裂的动态迁移过程,并且可以估算出其破裂的速度,反投影法得到的裂缝形态与 CT 裂缝有一定的偏离。

(3)地表台站双差定位法可以很好地确定微地震事件的水平位置,提高微地震事件之间相对位置的精度,克服了传统方法在精细结构上分辨率不高的缺点;子事件法通过波包峰值的方法识别出多个子事件,通过这些子事件的先后顺序可以确定裂缝破裂的方向,对第十九段压裂数据的处理结果表明,该方法得到的结果可以得出压裂液的流动情况,地震干涉测量法具有很大的潜力,能够对天然裂缝进行成像,并监测油气藏开采的过程。

著 者

2024 年 1 月

目　录

第 1 章   绪   论

1.1   研究目的及意义

北美页岩气革命的成功,引起了全世界对非常规油气资源开发的关注。页岩气的开发和利用已成为我国油气资源开发的重要研究方向。页岩气开发的核心技术是储层压裂改造,而储层压裂改造的目标是通过体积压裂形成裂缝网络。水平井多级压裂、重复压裂和多井同步压裂是改善页岩储层渗透率并进一步达到增产目的的重要措施,研究裂缝拓展和展布对页岩压裂设计和施工、产能评价至关重要,并且可以达到减小压裂对环境污染、预防地震灾害的目的。

通过微地震技术监测水力压裂对储层渗透率的改善效果是一种重要方法,如何利用微地震的时空分布和震源机制解来描述缝网的形成和发展过程是其中的关键,目前已经有许多学者对这一方向进行了大量深入的工作。但是,储层埋深一般在地下 3 000 m 左右,通过微地震方法得到的裂缝展布和裂缝拓展过程难以通过其他方法验证。

实验室的岩石压裂实验给了我们利用微地震/声发射研究裂缝拓展,并进一步通过其他方法进行验证的条件。岩石发生破坏的过程就是岩石内受挤压/拉伸局部能量发生释放的过程,在这一过程中会产生弹性波(声发射信号),这种信号会记录岩石内部结构的变化信息(如裂缝的拓展、贯通等)。Lockner 等人利用微地震的方法来处理和分析这些声发射信号所包含岩石内部变化的信息,描绘出裂缝的拓展方向,从而为实施缝网压裂提供技术支撑。

本书通过对页岩样品的声发射实验,借用微地震/声发射的相对定位和能量反投影方法,得到样品中微裂缝拓展过程;对比微地震获得的微裂缝展布和CT技术扫描的微裂缝拓展,深入分析微地震技术在反演裂缝拓展过程中的精度,建立微地震和微裂缝破裂过程的关系;根据实验室内页岩样品得到的微地震和微裂缝的关系,利用页岩开发过程中记录的微地震信号来反演页岩中微裂缝的拓展,从而正确评价压裂效果,并指导和优化压裂施工。

1.2 国内外研究现状

1.2.1 实验室声发射研究裂缝拓展

1)实验室研究岩石裂缝拓展的方法

影响岩石大范围变形破坏的微观力学因素是岩石内部微裂缝的拓展变化,目前有四种方法来研究微裂缝的拓展:扫描电子显微镜(SEM)法、激光全息干涉法、声发射监测和CT扫描技术。

(1)扫描电子显微镜法。扫描电子显微镜,简称扫描电镜,是一种利用电子束扫描样品表面从而获得样品信息的电子显微镜。一些学者利用扫描电镜技术研究了岩石裂缝在应力作用下的变化:Aufmuth 和 Aleszka 首次尝试用实时扫描电镜法研究了应力加载下岩石裂缝的拓展过程;Batzle 等人研究了不同温度下裂缝闭合特点与应力水平之间的关系;Nolen-Hoeksema 和 Gordon 研究了大理石在应力下裂缝尖端的破裂模式,并发现岩石表面的裂缝破裂能够代表岩石内部的破裂模式;Cox 和 Scholz 研究了岩石在剪切应力下的裂缝拓展过程;赵永红等人研究了不同岩石的小裂缝的产生、发展和裂缝宽度随着应力的变化。但是,他们都没能获得岩石内部裂缝的破裂过程。

（2）激光全息干涉法。激光全息干涉法是利用激光干涉原理测量岩石表面的微小变形来对内部裂缝破裂变形进行实时成像。由于受力岩石内部裂纹的拓展和闭合会引起岩石表面的变形,在岩石表面动态全息干涉条纹图中则表现为条纹类型和运动速度的变化,因此通过解析干涉条纹畸变过程能够有效判断识别裂纹的动态演化特征,特别是板状岩石样品的表面裂纹能够很好地代表岩样内部裂缝的拓展过程。刘冬梅等人利用全息干涉法研究了不同岩石在单轴加载下的裂纹拓展与变形破坏过程。激光全息干涉法的优点是能够直观准确地显示微裂纹的时空演化过程,并能计算形变量和变形方向;缺点在于不适用于大形变测量,无法准确获知岩石内部的破裂位置。

（3）声发射监测。声发射(Acoustic Emission,AE)记录了岩石内部微破裂的信息,通过地球物理手段处理和分析这些信号,就可以获取岩石内部微破裂的情况,有助于了解岩石内部微破裂分布及演化过程,预测裂缝的拓展方向。岩石破裂前内部的损伤可以通过 AE 统计性的方法来分析:AE 事件的数量越多,说明岩石内部产生的裂纹数目越多;AE 事件振幅越大,说明岩石裂缝增加的长度越长。因此,可以通过对岩石加载压力,用 AE 方法来研究样品内部微破裂的活动性,从而推测真实地下的应力状况。

（4）CT 扫描技术。基于 X 射线成像技术,广泛应用于医疗行业,由于成像技术对物体内部没有损伤,因此 CT 技术被引入地质行业。Conroy 和 Vannier 将该技术成功应用到古生物化石研究中;随后经过技术革新,分辨率得到很大的提高,Louis 等人将其应用到砂岩的三维裂缝和孔隙的成像中。但是,CT 扫描技术有一个缺点就是成本太高。

2）声发射研究裂缝的破裂

（1）岩石变形破裂阶段。实验室岩石破裂的过程表明了不同应力水平下几个典型阶段的不同物理特征。因为体应变和非弹性应变都与 AE 事件的数量有关,AE 活动性可以直接反映岩石的变形过程及其对应的阶段,用声发射的特征

（b 值、AE 空间位置、能量等信息）对加载岩石的破裂过程进行研究。Lei 等人通过对声发射实验的 AE 事件做统计性分析提出了岩石破坏前三个阶段的模型，随后被 Lei，Lei 和 Satoh 等人用新的数据进行了验证，这些岩石涵盖了不同的岩性、不同的微观颗粒结构和不同的预存裂缝结构。Main 等人、Thompson 等人、Lei 等人随后发现在某些情况下，可以观察到岩石的动态破坏和余震特征。Lei 和 Ma 总结了岩石破坏的几个阶段：

①初始阶段：反映了预存微裂缝的初始破裂，随着应力的增加，事件率和 b 值增大。事件率的大小依赖于预存裂隙的密度，b 值反映了破裂的特征：b 值最初很低随后增大，表明相对较长的裂缝可能在较低的应力下破裂。

②第二阶段：反映了裂隙数量增加的亚临界点。AE 活动表现为：随着应力的增加，能量释放率增大，b 值减小。

③成核阶段：对应于准静态断层成核过程，b 值会迅速减小到全局最小。

④动态破坏：很短的时间内产生大量的事件，伴随着背景噪声，不容易区分单个的 AE 事件。

⑤余震：有一定弱表面的岩石（愈合断层等）容易观测到 AE 活动，这些事件集中在断层面上，并伴随着 b 值的回升。

（2）AE 研究裂缝结构（非均质和层理倾角）。不同的岩性、预制裂缝的密度和大小分布，以及非均质性都会在 AE 的各个阶段表现出来，许多学者用 AE 研究了岩石裂缝破裂的过程。Lei 等人在 2003 年通过实验认为断层面的粗糙度决定了 AE 的活动性；随后在 2004 年对发育裂缝的岩石进行了实验，发现断层的非均质控制着断层的成核过程。Lei 和 Ma 对比了含不同非均质断层的岩石破裂过程，认为非均质断层的破裂特征是，动态裂缝破裂前的 b 值长期减小并出现短期波动。Lei 等人在 2000 年对含薄石英脉的页岩进行实验，断层破裂面沿着层理面贯穿石英脉，在动态破裂时出现大量的 AE 事件；Lei 等人在 2013 年用三轴实验对含不同预制倾角层理的岩石样品进行实验，发现层理结构控制着成核过程；McLaskey 和 Lockner 研究了黏滑断层，开始于单个事件，然后沿着预制断层面完全破坏。

（3）AE 研究裂缝的方法。

①AE 事件的空间位置定位。

AE 空间分布图像及其动态迁移可表明微破裂活动的时空复杂性和微破裂的微观力学过程,进而了解岩石内部微破裂分布及演化过程,预测裂缝的发展方向。Sholz 应用三维定位方法阐述了岩石在单轴压缩下的破裂情况。三维定位的方法引自天然地震的定位方法,AE 定位采用瞬时实测速度场,单纯寻优法(Simplex Method)和慢度离差法(Slowness Deviation Method)定位方法不需要预知速度结构。胡新亮等人把相对定位法应用到声发射实验中,赵兴东等人用经典的 Geiger 定位法研究岩石裂纹破坏过程;刘培洵等人用稳健算法讨论了到时拾取误差的影响;此外,还有适用于板状体样品的平面定位方法。

利用 AE 空间分布的特征,前人已经得到以下认识:

• 单轴压缩岩石在变形开始阶段,声发射事件呈散乱状分布在整个标本区域内,然后逐渐移动到最终的破裂集中区域,Kusunose 等人观测到,声发射定位的空区一般发生在大破坏前的一段时间。

• 研究预制切缝的样品在载荷下的声发射事件空间分布对裂缝拓展的影响等。

• 围压条件下完整标本的实验。结论类似单轴条件,并且 AE 逐渐向一剪切面集中,最终岩石样品沿着此面破裂。

• 液体渗入样品时,AE 的分布。Lockner 和 Byerlee 认为液体的渗入会增大渗入区声发射事件率,并且声发射集中区域面积会随着液体的扩散而逐渐增大。

• 声发射活动在岩石蠕变的不同阶段,其声发射事件位置分布特征也会有明显的变化。细晶花岗岩的蠕变结果表明,当岩石进入蠕变阶段时声发射事件发生的位置开始集中起来,随后在临近破坏前沿着最终破裂面分布开来。

• 声发射事件的三维空间分布具有自相似结构性质的分维特性,其维度在岩石开始破裂到最终完全破裂的过程中逐渐降低。例如,在细晶花岗岩闪长岩的单轴蠕变实验中,蠕变的开始阶段声发射分布的分数维数为 2.7 左右,而在破裂集中阶段约为 2.3。Byerlee 和 Lockner 利用 AE 事件在某个平面的投影的密度等值线图来指示裂缝破裂的方向;Lockner 等人用破裂释放能量投影到 AE 事件位置,通过等值线来描绘岩石内局部的非均匀性;Zang 等人通过 AE 事件的位置计算出岩石破裂面的传播速度;Thompson 等人用 AE 事件位置的聚集指示了天然裂缝的形状;Hampton 等人对大理岩的真三轴实验,分别用四种方法描述了破裂区域:AE 相关系数图、AE 密度分布图、振幅和相关系数加权的 AE 密度图、单个微裂缝体积加权的 AE 密度图。

②震源机制法。

震源机制是指震源区在地震发生时的力学过程,破裂机制的变化表征了区域应力场的变化。天然地震中的震源机制可以类比到微观岩石物理实验的破裂,常用的两种方法:P 波初动和矩张量反演。研究震源机制解有两种常用的方法:断层面解和矩张量反演。

断层面解是天然地震反演震源机制解的经典方法,利用覆盖性极好的探头记录到的 P 波初动的极性来约束双力偶断层面。优点是:不需要很多探头就能反演出剪切和张性裂缝类型,并且反演速度快;缺点是:声发射观测系统传感器数量通常不多,根据少数点的初动方向,很难精确勾勒出节面的空间分布或者未破裂的体积变化,而实验室岩石破裂都伴随着岩石体积的膨胀;仅适用于 P 波初动方向是四象限分布的情况,如剪切错动源。

P 波初动极性求解震源机制解的发展过程:Aki 和 Richards 认为在实验室中,如果不等式 $L^2 \ll \lambda D/2$ 满足,则探头和 AE 源的关系满足远场条件(其中,L 是破裂源尺度,λ 是观测到的波长,f 是频率,D 是震源距);Kusunose 等人用 P 波初动法对单轴加载花岗石进行震源机制解分析,发现当应力加载到破裂强度的 80% 时出现剪切破裂;Sondergeld 和 Estey 对韦斯特利花岗岩样品进行单轴加载实验,大部分 P 波辐射模式符合双力偶模式,空间位置分布比较近的声发射事件,它们的震源机制也很相似,并且确定了压缩轴和膨胀轴;Kuwahara 等人对花岗岩进行了单轴和双轴劈裂压缩实验,用 P 波初动法得到的岩石破裂机制是剪切破裂而不是张性破裂,并且,产生声发射事件的局部应力场几乎等同于作用于岩石的外部应力;Satoh 等人、Nishizawa 等人认为当探头足够多时,可以对单个事件进行反演震源机制,对细晶花岗岩的实验发现,剪切型破裂一般发生在岩石变形起始阶段,而后期以张性破裂为主;雷兴林总结了四种类型的震源机制:S 型(剪切源)、C 型(闭合源)、T 型(张性源)和 P 型(张性源被剪切破裂贯通);Satoh 等人利用 P 波初动法解释了剪切破裂是三轴压缩下花岗岩内部断层破坏过程的主要类型;Lei 等人比较了不同颗粒组成的花岗岩的三轴加载过程,发现大颗粒岩石的破裂剪切类型占大多数,而小颗粒岩石的破裂随着不同应力水平而产生不同的破裂类型,他们还认为四种类型的相对成分对于不同岩石在不同变形阶段具有不一致特性;雷兴林等人认为粗粒花岗岩控制着整个岩石破裂机制的剪切成分,而细粒花岗岩破裂类型主要依靠加载的应力水平;Meglis 等人研究了不同加载条件下带孔花岗岩,发现了剪切破裂类型和闭合类型占多数;Zang 等人比较了非对称加载下花岗岩的破裂机制,发现岩石破坏过程中剪切类型占 70%。Katsaga 和 Young 采用 P 波初动极性的方法反演震源机制解。

矩张量反演震源机制解采用的是 P 波波形信息,因为实验样品很小,除直达波外,后续震相会受到样品界面反射影响而难以区分。优点:利用波形信息,无须等效双力偶假定,既适用于剪切破裂模式,也适用于张裂等其他破裂模式(因为岩石声发射破裂的模式经常是各种类型的混合,比如剪切和张性的混合模式、CLVD 模式等)。存在的困难:实验室岩石破裂模式复杂;观测设备限制。

地震的震源机制描述震源处介质的破裂和错动,包括断层层面的方位、倾角、滑动角。Gilbert 首先将矩张量法引入天然地震的震源机制研究中,随后得到了广泛的应用。天然地震与实验室岩石破裂机制是相似的,尽管它们的强度和频率差几个数量级。因此,实验室矩张量反演能够得到张性破裂的体积源、剪切破裂的偏分量源和这两种类型混合的破裂。我们利用信号的初动振幅(P波或者 S 波)、格林函数(传播介质的响应函数)和探头的响应,通过最小二乘拟合反演得到破裂源的类型。

由于实验室单个样品破裂会产生大量的声发射事件,Ohtsu 提出了简化矩张量反演法(SiGMA),并成功应用于实际水力压裂,他通过简化全空间均匀各向同性的格林函数和利用 P 波的振幅信息,建立基于最小二乘的线性方程,得到 6 个独立的矩张量,分解矩张量得到特征值和特征向量,从而确定破裂的类型和裂缝的方位,随后在 1995 年对这个简化矩张量反演方法进行了详细理论说明;Yuyama 等人用简化矩张量法对混凝土的破裂实验进行分析,得到不同应力加载下剪切破裂类型不一致;ShiGeishi 和 Ohtsu 发展了 SiGMA 法,对混凝土岩石破裂实验进行定量估算破裂体积;Carvalho 和 Labuz 将简化矩张量反演法应用到砂岩单轴加载的震源机制解;Chang 和 Lee 研究了岩石在不同围压下裂缝的破裂机制;Yu 等人认为简化矩张量反演法可以描述岩石内部破坏过程;Kao 等人用简化矩张量反演法对花岗岩的破裂机制进行了研究;Graham 等人比较了 P 波断层面解和 SiGMA 法两种反演震源机制的方法,认为都能够得到岩石破裂区域的类型及其破坏区域,但是在研究脆性岩石时 SiGMA 法更有优势。

Dahm 提出了相对矩张量反演的方法,并开发出一种软件适应到单分量传感器数据上,Grosse 等人利用此方法对混凝土内部破坏的裂缝类型进行分类,随后 Dahm 等人、Manthei 等人将此方法应用到盐岩的破裂机制研究中,Grosse 等人在混凝土的实验中应用此方法解释反演破裂机制;Andersen 提出混合的相对矩张量反演方法,通过修正迭代的输入数据,提高矩张量分量的精度;Grosse 和 Finck 用混合相对矩张量反演法得到混凝土样品破裂的裂缝类型和方位;To 和 Glaser 提出全波形反演人工岩石内部三维震源的破裂机制。

(4)CT 方法研究裂缝。许多学者利用 CT 扫描技术研究岩石内微裂缝的展布情况,例如 Kawakata 等人基于 X 射线的 CT 扫描对花岗岩的三轴压缩试验的破裂过程进行成像;Landis 和 Nagy 利用 X 射线对单轴加载的砂浆岩石进行层析成像,研究了岩样内部裂缝的发展;丁卫华等人用 X 射线、CT 测量岩石内部裂纹宽度;Benson 等人用 CT 成像的方法验证了 AE 事件位置的一致性;Katsaga 和 Young、Thompson 等结合 AE 定位和 CT 扫描结果描述了岩石破裂的过程;Hampton 等人结合 AE 定位和 CT 扫描成像研究了岩石破裂体积变形。

(5)声发射与 CT 方法结合来研究裂缝。许多学者采用 AE 方法和 CT 成像法相结合的方法对裂缝进行研究,例如 Benson 等、Katsaga 和 Young、Hampton 等、Cai 等,Hamptson 等。

1.2.2 微地震研究地下致密储层裂缝拓展

1)观测系统研究裂缝

微地震监测的台站布置方式主要有两种:地面监测和井中监测。

地面监测是将检波器铺设在地表,地下岩层受到注水压裂会产生微地震信号,这些信号辐射出的地震波穿过多层介质到达地表的检波器;根据检波器分布的密集程度,又可以分为三种:星形台阵、宽频带台阵、Patch 台阵。星形台阵是由成百上千个单分量检波器组成的,呈多条相交测线分布于压裂区域;宽频带台阵的短周期三分量地震仪离散覆盖于压裂井口周围,一般呈环状分布;Patch 台阵的单个 Patch 是由多个单分量检波器组成的方形阵列,这样做是为了压制噪声,一般 4~6 个 Patch 分布于压裂区域的周围地表。

井中监测是将三分量检波器安置在井中的套管壁上,记录微地震信号,这些地震信号穿过多层介质或反射或折射达到检波器,根据距离目标储层的距离分为深井监测和浅井监测。深井监测的检波器深度分布在储层层位的附近,近距离接收微地震信号,可以实现较多微地震事件的探测;浅井监测一般分布于地表下 400 m 深度以内,用于接收地下微地震信号,主要优点是可以克服地表的噪声信号。

2）微地震定位研究裂缝

微地震定位方法是一种直接有效的对裂缝进行成像的方法,通过微地震事件的空间分布和时间分布,可以粗略确定裂缝的形态、方位、大小等信息。目前的定位方法主要分为两大类:基于走时信息定位和基于波形信息定位。

基于走时信息定位法是利用微地震事件的初至走时(P 波和 S 波),建立线性方程组求解震源位置和发震时刻,代表性的算法有 Geiger 法、网格搜索法、双差定位法、主事件法。对于单口深井监测,需要对原有 Geiger 定位算法进行改进,引入方位角信息,才能对震源位置进行很好的约束。此外,深井监测需要联合 P 波和 S 波信息才能准确确定微地震事件的位置。网格搜索法根据扫描到的微地震,选取某一个台站作为参考值,在全空间域进行搜索得到震源位置信息,Ry 引入水平分量的偏振信息对震源位置进行了约束。双差法广泛应用于天然地震定位,基本思想是当事件对(即两个微地震事件)之间的距离相对它们各自到检波器的距离很小,并且传播路径上的速度变化不大时,则这两个震源到同一检波器的射线路径基本相同或者相近,可以认为它们之间的走时残差与两震源点之间的距离有较强的相关性,Zeng 等人将该方法应用于地表微地震监测,随后对该方法进行改进并应用到深井监测定位中。主事件法基本思想跟双差定位一样,认为主事件周围的事件与主事件的射线路径相近,通过相对走时残差反演震源参数。

基于波形信息定位法是利用微地震信号(P 波和 S 波)的振幅、相位、频率、能量等信息,建立目标函数求解震源参数,代表性的算法有震源扫描法(SSA)和模板匹配滤波法(MFA)。震源扫描法需要多个台阵记录的波形信息,设定目标函数为振幅信息的叠加,通过在全网格空间和全时间序列搜索震源参数;这种方法在微地震地面监测中广泛应用,但是由于局部速度模型不准确,再加上震源机制解对波形极性的影响,简单的振幅叠加函数会忽略很多微地震事件,很多学者提出更改目标函数为包络线叠加、长短时窗比的函数叠加和校正震源机制解的振幅叠加。模板匹配滤波法利用高信噪比的微地震事件作为模板,通过与多台阵多分量的连续记录波形进行互相关计算,在模板事件位置附近空间域和全时间序列进行搜索得到震源参数信息;此方法被成功应用于水力压裂中描述诱发微地震事件的空间分布。

3)震源机制法研究裂缝

震源机制解反映的是地震发生过程中的力学性质,可以给出断层破裂的走向、倾角以及应力场相关信息,非常有助于地震预测和对灾害进行评估。在地震学领域,震源机制反演的方法有三种:P 波初动极性法、S-P 波振幅比法和波形矩张量反演法。

P 波初动极性法根据地表不同检波器垂直分量 P 波初至的极性来判断震源破裂的力学情况,最早应用于天然地震;由于存在受到初至不明显影响的缺点,一些学者提出横纵波振幅比的方法并在具体问题应用上进行了改进;以上两种方法要求观测的台站很多才能反演出来,对于震级小、频度高的微小地震的震源机制反演存在很强的不确定性,矩张量反演方法可以克服这个缺点,它采用理论模拟的地震图来最佳匹配实际观测到的地震记录波形。水力压裂产生的微地震信号与天然地震类似,也可以通过天然地震的方法来反演出微地震的震源机制信息,P 波初动极性法被广泛应用于地表监测水力压裂震源机制反演,井中监测由于记录的微地震信号信噪比很高,并且检波器数量分布有限,适用于矩张量反演。

4)SRV 研究裂缝

SRV(Stimulated Reservoir Volume)是评价体积压裂改造施工效果的重要参数,有助于指导和优化压裂施工设计。目前,计算 SRV 的主要方法有线网模型、微地震包络体和 DFN 模型。

线网模型主要基于连续性方程和渗流方程,考虑到流体与裂缝、裂缝与裂缝之间的相互作用,利用连续性理论及网格累计计算的方法得到压裂后缝网的几何形态从而估算出 SRV 体积。微地震包络体 SRV 计算分为箱状体计算和包络体计算,箱状体计算是把微地震事件近似为一个三维的体积,然后将所有体积累加作为 SRV 体积;包络体计算是将微地震事件簇在空间中包围的整个外部体积作为 SRV 体积。为了更精确估算 SRV 体积,离散网络模型可以很好地描述改造的裂缝网络,微地震事件空间和时间分布可以用来建立 DFN 模型,反映出裂缝从射孔到地层深处的破裂形状。而微地震事件的发生往往产生在裂缝面上,一些学者改用面状 DFN 模型来描述裂缝网络,并取得了很好的应用效果。

1.2.3 常用方法存在的问题

(1)一般利用初至走时或者能量叠加对单个微地震进行定位。这种方法的定位结果对速度模型较为敏感,如果速度不均匀性和各向异性较大,定位结果可能存在较大误差,对裂缝破裂过程刻画的不准确性也会增大。

(2)目前研究方法一般集中在对微地震进行定位,把微地震作为一个点源处理。实际上,微破裂一般是一条裂缝,包括裂缝长度、走向、破裂强度等信息,仅用一个点来描述微破裂会丢失许多有用的信息。如何从微地震记录中提取更丰富的微破裂信息,例如裂缝走向、宽度等,是水力压裂微地震监测需要解决的一个关键问题。

1.3 研究内容及组织结构

本书以水力压裂裂缝为研究对象,针对常规裂缝研究的缺点,通过对页岩样品的声发射实验,借用微地震/声发射的相对定位和能量反投影方法,得到样品中微裂缝拓展过程,如图 1.1 所示;对比微地震获得的微裂缝展布和 CT 技术扫描的微裂缝展布,深入分析微地震技术在反演裂缝拓展过程中的精度,建立微地震和微裂缝破裂过程的关系;根据实验室内页岩样品得到的微地震和微裂缝的关系,利用页岩开发过程中记录的微地震信号来反演页岩中微裂缝的拓展,从而正确评价压裂效果,并指导和优化压裂施工。

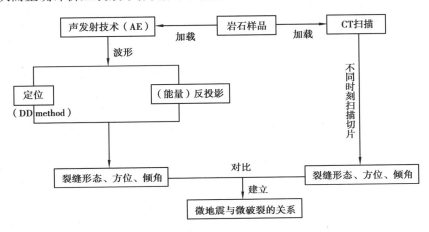

图 1.1　研究技术路线图

本书各章节的结构及内容安排如下:

第 1 章,绪论。主要介绍研究水力压裂过程中致密储层裂缝拓展的背景、目的及意义;介绍裂缝拓展方法的国内外研究现状和存在的主要问题;并在此基础上提出本书拟解决的关键问题、研究思路以及全书结构的安排。

第 2 章,微地震与声发射监测方法及原理。主要介绍微地震产生的理论基础、微地震监测的方法,以及常规的微地震震源定位的处理方法。

第 3 章,基于双差法的声发射定位研究。主要介绍双差定位算法的基本原理,并以水力压裂声发射监测为模型,在理论上研究各种因素对定位误差的影响。

第 4 章,基于能量反投影的声发射研究。主要介绍反投影法的基本原理,并研究五种因素对此方法分辨率的影响,最后成功模拟两种类型的震源破裂过程。

第 5 章,实验室岩石裂缝破裂声发射研究。通过对页岩样品做物理实验(单轴、三轴、真三轴),利用双差定位得到 AE 事件的准确相对位置,同时用

Back-Projection 的方法对裂缝的迁移进行成像,最后得到裂缝形态、方位和倾角信息,而用 CT 技术扫描压裂后的岩石来验证该方法的正确性;通过处理实际压裂的微地震数据,应用这两种方法。

第 6 章,水力压裂微地震裂缝监测研究。通过野外实际记录的水力压裂数据,对数据进行常规处理之后,用双差定位法和子事件法来研究压裂过程中裂缝的拓展过程,并通过与深井定位结果进行对比,揭示压裂过程中压裂液的流动方向;通过地震干涉测量法,研究在水力压裂过程中各向异性的变化,间接研究地下裂缝的拓展变化。

第 7 章,结论。总结了本书的研究成果,对该研究进行展望并提出未来的工作计划。

第 2 章　微地震与声发射监测方法及原理

2.1　引　言

　　微地震监测通过记录地震波信号来研究岩层的破裂情况,这是由于对地层压裂注水、压裂注气等方式会引发地层应力场的变化,进而导致岩层破裂产生地震波,通过分析地震波的信息,对储层流体或裂缝进行成像的技术。这种方法的主要优点在于判断压裂效果并对压裂方案作出实时调整,它是提高致密储层等非常规页岩气油气藏采收率的有效方式,并被世界各大石油公司广泛采用和成功应用。在本章,首先介绍水力压裂的原理,然后给出常见的微震观测方式,接着介绍常规的事件扫描和速度建模方法,最后对传统震源定位和成像方法进行介绍。

2.2　微地震与声发射产生的理论基础

2.2.1　微地震与声发射信号

　　地层岩石在压裂施工过程中,其内部发生局部弹性能量集中,当能量积聚到某一临界值后,会引起岩石破裂形成裂缝,岩石在破裂瞬间以弹性波的形式将储存的能量释放出来,产生微地震信号(声发射信号)。在水力压裂中,我们称它为微地震事件,这些事件包含了岩石内部变化的信息,通过分析检波器接收到的这些波形信息对地层或岩石的裂缝进行定位和成像。

通常,微地震信号的频率分布在 200 ~ 1 500 Hz,在地表台站监测的频率会低一点;持续时间小于 1.0 s,震级介于里氏−3 到+1 级,有的可以达到 4 级,地震波越微弱,其对应的频率越高,持续时间越短,能量越小,破裂长度也越短。而声发射信号是在实验室岩石压裂时产生的,其频率分布在 50 ~ 200 kHz,持续时间为 20 μs,采用高灵敏度的探头接收。

2.2.2　莫尔-库仑理论

莫尔-库仑理论是一种描述材料破坏现象的模型,在岩土力学中被广泛采用。微地震事件的产生也是一种岩石破坏的结果,我们可以用莫尔-库仑理论解释这种破裂原因。当对地层进行注水压裂时,地层空隙压力 P 升高,根据材料抗剪切应力的公式:

$$\tau_f = \tau_0 + \mu(\sigma_n - P) \tag{2.1}$$

$$\sigma_n = \frac{1}{2}(\sigma_1 + \sigma_3) + \frac{1}{2}(\sigma_1 - \sigma_3)\cos 2\alpha \tag{2.2}$$

其中,τ_0 表示岩石固有的作用于裂缝面上的抗剪切应力,单位为 MPa;μ 是岩石的内摩擦系数;P 是岩石内的空隙压力,单位为 MPa;α 表示最大主应力与裂缝面法向方向的角度。

裂缝面的应力状态可以用莫尔应力圆描述,如图 2.1 所示,根据静力平衡条件,裂缝面的剪切应力为:

$$\tau = \frac{1}{2}(\sigma_1 - \sigma_3)\sin 2\alpha \tag{2.3}$$

莫尔应力圆上的每一点的横坐标和纵坐标分别表示岩石在相应平面的正应力和剪应力,如果莫尔应力圆位于抗剪切应力线的下方,即 $\tau < \tau_f$,则该裂缝不

会发生剪切破坏,仍然处于弹性平衡状态;如果莫尔应力圆刚好和抗剪切应力线相切,如图 2.1(b)所示,说明切点对应的剪应力 τ 与抗剪应力 τ_f 相等,此时该岩石处于极限平衡状态,开始发生破裂。

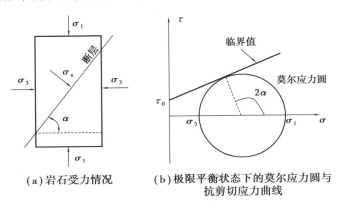

(a)岩石受力情况　(b)极限平衡状态下的莫尔应力圆与抗剪切应力曲线

图 2.1　莫尔-库仑理论示意图

因此,岩石破坏或发生滑动的条件可以表示为:$\tau \geqslant \tau_f$。当裂缝面已经存在时,τ_0 为零,等式左边大于右边,会产生微地震事件;当往地层注水压裂时,岩石空隙压力 P 增大,也会满足该条件,出现微地震事件。

2.2.3　断裂力学准则

岩石内部的裂纹受到正应力和剪应力的作用时,会产生张开型、剪切型和横向剪切型裂纹。在水力压裂过程中,微地震事件产生的裂缝一般都是张性破裂。根据断裂力学准则,当应力强度因子大于断裂韧性时,裂缝就会发生拓展,用公式表示为:

$$(\pi l)^{-1/2}(p - \sigma_n) Y \int_0^l \sqrt{(1+x)(1-x)}\, \mathrm{d}x \geqslant k_{ic} \tag{2.4}$$

式中,k_{ic} 表示岩石的韧性极限(又称断裂韧性);p 表示压裂井井底注水压力,单位为 MPa;σ_n 表示裂缝面上的法向应力大小,单位为 MPa;Y 表示裂缝形状因子;l 表示自裂缝端点沿着裂缝面走向的距离,单位为 m。

断裂力学准则是裂缝形成发展的理论基础,即当式(2.4)成立时,裂缝发生张性拓展。水力压裂过程中,注水会增加地层的压力,应力会在地下岩石发生局部集中,使式(2.4)左边大于右边,导致岩石发生破裂,产生弹性波信号,即微地震事件。

2.3 微地震监测方法

2.3.1 监测方式

水力压裂微地震监测主要有两种方式,即井中监测和地表监测。它们都是通过处理采集到的地震波形数据,利用走时信息或者振幅信息,反演得到震源位置及裂缝的信息。两种监测方式各有优点,通常我们采用井中-地表联合的监测方式。在布置监测系统时,要考虑当地的具体条件,选择合理的监测方式。

1)井中监测

水力压裂井中监测是目前比较有效的微地震监测手段,它通过在压裂井的临近井口的一定深度布置检波器,记录压裂井产生的微地震事件,然后利用地震数据反演得到裂缝的空间位置。如果检波器接近地表,一般距离井口 500 m 以内,布置大概 12 个检波器,称为浅井监测;如果检波器层位接近压裂层位,一般距离井口 2 500 m 左右,布置 15 m 间隔的 20 个检波器,称为深井监测,如图 2.2 所示。为了便于监测微地震事件的方位,采用三分量检波器记录信号。

在单井监测时,通过记录微地震事件的 P 波和 S 波信号,测量出 P 波和 S 波的到时差来确定微地震事件与检波器的距离,检波器同相轴 P 波的相对到时可以确定微地震事件的深度,而 P 波信号的水平分量可以用来确定微地震事件的水平方位。井中监测的主要优点是噪声小,可探测的有效信号多,可观测到最小为−3.5 级的微地震,反演结果更准确;缺点是仪器和钻井的成本高,可定位的距离在距离压裂井一定范围内(一般 600 m 左右)。

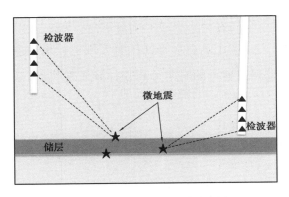

图 2.2　井中微地震监测示意图

2）地表监测

地表监测通过布置检波器在地面上进行实时监测的方式,比如星形排列[图 2.3(a)]和宽频带地震仪[图 2.3(b)]。星形排列主要采用大量的单分量检波器,以井口为中心,呈放射状排列,一般排列的长度约等于压裂层位的深度。这种安装在水平井压裂区域上方地表的检波器用来记录压裂改造过程中的微地震事件,相对于井下监测方式,地表监测方式的优点是易于安装、成本低,同时能够精确控制每一台仪器的安置位置;缺点是成千上万道检波器监测到的微地震数据量巨大,对数据传输和实时处理都是很大的挑战。

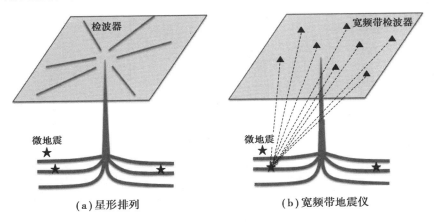

（a）星形排列　　　　　　　　（b）宽频带地震仪

图 2.3　地表微地震监测示意图

宽频带地震仪采用三分量记录方式,以其灵敏度高和频带范围宽的特点,受到天然地震学的广泛应用。在水平井压裂区域上方地表安装环绕压裂井口的宽频带地震仪,监测微地震的时空分布规律和震源机制,从而对监测压裂改造进行评价。

2.3.2　微地震数据处理方法

1）微地震事件识别与初至拾取

一般情况下,检波器记录的微地震信号与噪声信号在能量上会有很明显的差异,根据这种差异就可以判断和识别微地震信号。具体做法是,采用滑动时窗从地震记录的某个采样点开始移动,对于每次移动,选取该点前后一定的长度(单位:s)作为时窗,一般后边长度比前边长度短,故又称为长短时窗法;然后计算两个时窗内的能量均值,并用后边的时窗能量均值比上前边的时窗能量均值,该比值记为 γ_i;这样随着时窗的滑动,会得到一条能量比值随着时间变化的曲线,通过设定一个能量比值的阈值,高于这个阈值的时间认为是有效信号到来的时间,进而对该事件进行识别和判定。在采样点 i 处,长短时窗的能量比值 γ_i 可以定义为:

$$\gamma_i = \frac{STA_i}{LTA_i} = \frac{\dfrac{1}{N_{STA}} \displaystyle\sum_{j=i}^{i+N_{STA}-1} E_j}{\dfrac{1}{N_{LTA}} \displaystyle\sum_{j=i-N_{LTA}}^{i-1} E_j} \tag{2.5}$$

其中,STA_i 和 LTA_i 分别是第 i 个采样点处短时窗(后面)、长时窗内(前面)的平均能量,N_{STA} 和 N_{LTA} 分别是短时窗、长时窗内的采样点数目,E_j 是采样点 j 处的能量值(振幅值)。长时窗在时间上位于短时窗之前,互相之间没有重叠或空隙。时窗宽度需要根据目标信号的频率特征、记录的背景噪声特征来确定。对于微地震信号,我们采用0.1 s的短时窗和1 s的长时窗可以取得合理的效果。

微地震记录的能量 E_j 一般用它的包络线求得。令 s_j 代表地震记录的速度

或者位移,则希尔伯特变换记为,

$$E_j = \sqrt{s_j^2 + \tilde{s}_j^2} \qquad\qquad (2.6)$$

式中,E_j 表示第 j 个记录点处的瞬时能量值,s_j 表示第 j 个记录点的速度或者位移,$\tilde{s}_j$ 表示 s_j 的希尔伯特变换。

　　长短时窗法一般分为以下几个步骤:①去除仪器响应;②滤波去噪;③求地震记录的包络线;④计算短、长时窗内能量比;⑤识别微地震信号。

　　长短时窗法原理示意图如图 2.4 所示。

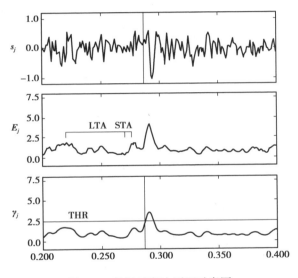

图 2.4　长短时窗法原理示意图

2)微地震监测去除仪器响应

　　去除仪器响应是将地震记录转化为真实地表震动,即微地震引起的地表的真实位移或速度。检波器输出的地震数据一般是经过了检波器滤波放大后的信号,不同于真实的地表震动速度或位移。宽频带地震仪对不同频率的震动有不同的放大倍数和相位延迟。检波器的输出 $u(t)$ 可以看作真实地表震动 $d(t)$ 和检波器滤波 $i(t)$(通常称为仪器响应)的褶积,

$$u(t) = d(t) * i(t) \qquad (2.7)$$

经过拉普拉斯变换以后,

$$U(s) = D(s)I(s) \qquad (2.8)$$

再经过拉普拉斯逆变换,我们可以求得真实地表震动 $d(t)$。

一般检波器的仪器响应可以表示为:

$$I(s) = A_0 \frac{\prod_n (s - s_n)}{\prod_m (s - s_m)} \qquad (2.9)$$

其中,s 是拉普拉斯变量,$s = j\omega$,j 是虚数,ω 是角频率;n,m 分别为零点和极点的个数,s_n,s_m 分别为仪器响应的零点和极点;A_0 为检波器的放大倍数。这些参数都可以从检波器记录数据中读取。

3)检波器校正

微地震监测作为一种有效的监测储层改造的手段,被广泛应用于页岩气的开发中。由于地表台站距压裂位置较远,有效信号微弱,再加上地表的噪声影响,井中三分量勘探成为一种直接有效的监测方法。但是,井中检波器垂直分量普遍沿着井轨迹方向(偏离铅垂方向),并且每个检波器都是随机取向的,因此在室内资料处理中需要采取有效的方法对三分量数据进行校正,从而确保井中微地震事件定位的准确性。

基于互相关的检波器校正方法,利用射孔 P 波信号,通过互相关技术求得偏振角度,计算得到每个检波器的旋转矩阵,用得到的旋转矩阵旋转实际记录的三分量数据,就可以得到大地坐标系下的三分量波形数据。

定义三个坐标系,全球坐标:$E\text{-}N\text{-}UP$;检波器坐标:$X\text{-}Y\text{-}Z(W)$;中间坐标:$E'\text{-}N'\text{-}UP'$。检波器的 z 轴方向(即图 2.5 中 W)在全球坐标系中表示方向 θ_W 和 φ_H。第一步,把全球坐标系的 UP 轴旋转到 W 方向,使 $E'N'$ 平面与 XY 平面重合,即 $E\text{-}N\text{-}UP$ 坐标系到 $E'\text{-}N'\text{-}UP'$;第二步,在平面 $E'N'$(或检波器 XY 平面),根据观测方位角和偏振角,绕着 UP' 轴将 $E'\text{-}N'$ 坐标轴旋转到 XY 轴。

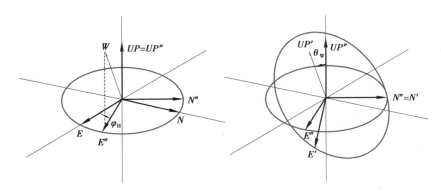

图 2.5　坐标旋转示意图

检波器 XY 平面的旋转示意图如图 2.6 所示。

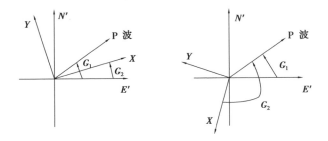

图 2.6　检波器 XY 平面的旋转示意图

G_1 是观测方位角在坐标系 E'-N'-UP' 的投影；G_2 是根据观测数据计算得到的偏振角。

$$\varphi_G = \begin{cases} -(G_2 - G_1), & G_2 < G_1 \\ 360° - (G_2 - G_1), & G_2 \geqslant G_1 \end{cases} \quad (2.10)$$

综合起来，得到下面的旋转公式：

$$\begin{pmatrix} d_X^P \\ d_Y^P \\ d_Z^P \end{pmatrix} = \begin{pmatrix} \cos \varphi_G & \sin \varphi_G & 0 \\ -\sin \varphi_G & \cos \varphi_G & 0 \\ 0 & 0 & 1 \end{pmatrix} \times$$

$$\begin{pmatrix} \cos\theta_W & 0 & -\sin\theta_W \\ 0 & 1 & 0 \\ \sin\theta_W & 0 & \cos\theta_W \end{pmatrix} \begin{pmatrix} \cos\varphi_H & \sin\varphi_H & 0 \\ -\sin\varphi_H & \cos\varphi_H & 0 \\ 0 & 0 & 1 \end{pmatrix} \begin{pmatrix} d_E^P \\ d_N^P \\ d_{UP}^P \end{pmatrix} \qquad (2.11)$$

等式右边 3 个 3×3 矩阵相乘得到的矩阵求逆,就是旋转矩阵。至此得到了每个检波器对应的旋转矩阵,通过点乘实际数据就可以对波形进行准确旋转,即对应东、北、上三分量方向的波形。

4)速度建模

模拟退火算法(Simulated Annealing Algorithm,SAA)是模拟物质退火的物理过程,也就是优化多次统计实验的结果。此方法最早来源于冶金学的专有名词——退火。在退火的过程中,随着温度的降低,物体的状态发生变化,即从液态转向固态,从微观来看,物体内部所有分子的能量总和也在慢慢减小;在这个冷却过程中,如果此物体的冷却温度变化得越慢,则该物体的分子就越有可能找到能量更低的地方;相反,如果冷却速度过快,物体每个分子不能同时均匀下降,就不能达到总能量最小的位置。

在速度模型建立中,我们将需要反演的层位和速度模型参数当作物体内部的分子,同时定义目标函数(理论走时曲线与实际走时曲线)为物体内部分子的总能量函数。为了优化速度模型参数,即减小目标函数,通过缓慢降低物体退火的温度,逐次进行迭代计算使目标函数最小的模型参数。此处,定义能量函数为:

$$E(\boldsymbol{m}) = \sum_{j=1}^m (T_j^{obs} - T_j^{cal})^2 \qquad (2.12)$$

其中,$\boldsymbol{m} = (v_1, v_2, \cdots, v_n, d_1, d_2, \cdots, d_n)$,$T_j^{obs}$ 为震源到第 j 个检波器的观测走时减去所有观测走时的均值,T_j^{cal} 为震源到第 j 个检波器的理论走时减去所有观测走时的均值,这里理论走时是 $\boldsymbol{m}$ 的函数。形成概率判断函数:

$$\rho = \exp\left(-\frac{\Delta E}{kT}\right) = \exp\left[-\frac{E(\boldsymbol{m}^{l+1}) - E(\boldsymbol{m}^l)}{kT}\right] \qquad (2.13)$$

该算法的简要流程步骤可以归纳为：

①参数初始化：初始温度 T（一般 $T=100$），初始速度、层位模型参数 m^1 和使退火温度 T 值降低的最大迭代次数 L（一般为 5 000 次）；

②对于每个循环次数 i 值（$i=1,\cdots,5\,000$），执行第③至第⑥步；

③ 产生新解 m^{test}；

④计算能量的变化 ΔE，其中 ρ 为概率判断函数；

⑤若 $\Delta E<0$ 则更新模型 m^1 为 m^{1+1}，这里评判是否接受 m^{1+1} 为新的模型参数的方法是以大于概率 $\exp(-\Delta E/kT)$ 为标准；

⑥$T=k\times T$ 逐渐降低温度（这里，k 越接近 1 越好，且 $T>0$），然后跳转到第②步。

本算法的核心就是模型空间新解的更新过程，我们可以把这个过程分成以下四个步骤：第一步是随机产生一个位于模型解范围的新尝试解（记为 m^{test}）；第二步是计算新解所对应的能量函数值，并测量其与上一次温度对应的能量的差值；第三步是决定新解是否被接受，根据 Metropolis 概率准则，以大于概率 $\exp(-\Delta E/kT)$ 的值来更新 m^{1+1} 作为新的当前解；第四步是更新尝试解，在模型解空间产生新的尝试解，同时修正目标函数值。

温度随着迭代次数的增多逐渐缓慢降低，目标函数也逐渐减小，当满足模型参数变化很小或者达到最大迭代次数时，我们就认为这是模型的最优解，并输出当前模型解作为全局最优解。模拟退火算法的优点是迭代过程与初始模型参数值（初始尝试解）无关，可以跳出局部极小值，具有全局收敛的效果。

2.4　实验室声发射研究方法

2.4.1　仪器设备

在实验室完成声发射实验，需要一套完整的声发射采集系统，如图 2.7 所示,它包括压机驱动器、油缸、压头、压力传感器、声发射探头、前置放大器、数据转换器、数据采集计算机等。其工作原理是对岩石样品在某一方向或者三个方向施加应力,通过计算机控制压机驱动器,并控制上下压头对岩石施加压力,然后通过岩石样品施压方向的压力传感器记录压力大小反馈给计算机控制系统,再进行施压或降压;声发射探头记录岩石破裂的声发射信号,把压力信号转换为电信号,通过前置放大器和数字转换器,最后把波形数据保存在计算机存储器里面。

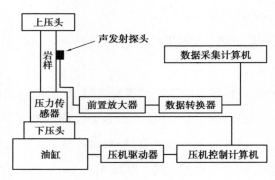

图 2.7　声发射采集系统

2.4.2　加载方式

实验室声发射实验对岩石的加载方式分为单轴加载和三轴加载,如图 2.8 所示。单轴加载是指将应力在一个方向上加载,比如圆柱状的岩石样品,在其两端施加相同应力,主要是研究岩石的力学性质(如 Kaiser 效应、可压性评价),具体可以分为恒压加载、升率加载、重复加载。三轴加载是在岩石三个方向上施加不同的应力,比如柱状样品,除了轴压,在侧面还施加液体围压;对于立方体样品,直接施加三轴应力,这种加载方式的主要目的是模拟真实地层的应力状态,通过改变应力或者注水压裂,研究岩石破裂的规律,从而指导实际压裂生产。

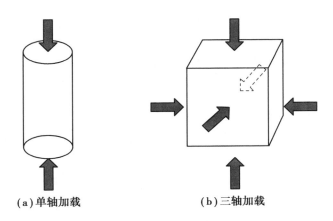

（a）单轴加载　　　　　　　（b）三轴加载

图 2.8　实验室两种岩石加载方式

2.4.3　声发射数据处理方法

为了对岩石破裂位置进行准确定位,需要把声发射探头均匀分布在岩石样品表面,记录声发射信号的方式分为两种:连续记录和离散记录。连续记录是按照一定的采样间隔从岩石加载应力开始到完全卸载应力之后的整个过程;而离散记录是根据计算机设定的阈值在探测到声发射信号的前后一段时间记录保存下来。一般在后期利用连续记录的声发射信号,采用与微地震相同的处理方法,首先通过滤波去噪对噪声信号进行压制和排除,然后通过长短时窗法,根据设定的参数与阈值对信号进行识别和拾取初至。

2.5　震源定位

2.5.1　绝对定位

绝对定位是根据各台站的震相走时信息,分别独立地求取单个微地震震源位置。绝对定位法不仅用来直接定位微地震,还可以为相对定位法提供标定事件的绝对位置。现行的线性定位方法大都源于 Geiger 提出的经典方法,假设 n 个台站观测到的时间为 $t_1, t_2, \cdots, t_n$,求震源(x_0, y_0, z_0) 及发震时刻 t_0,定义目标函数为:

$$\varphi(t_0, x_0, y_0, z_0) = \sum_{i=1}^{n} r_i^2 = \sum_{i=1}^{n} \left[t_i - t_0 - T_i(x_0, y_0, z_0) \right]^2 \tag{2.14}$$

式中,r_i 为到时残差,T_i 为震源到第 i 个台站的计算走时。求解目标是选取合适的(x_0, y_0, z_0) 和 t_0,使得目标函数最小,即:

$$\nabla_\theta \varphi(\theta) = 0 \tag{2.15}$$

其中,$\theta = (t_0, x_0, y_0, z_0)^{\mathrm{T}}$,$\nabla_\theta = \left(\dfrac{\partial}{\partial t_0}, \dfrac{\partial}{\partial x_0}, \dfrac{\partial}{\partial y_0}, \dfrac{\partial}{\partial z_0} \right)^{\mathrm{T}}$。

根据式(2.15),在真实模型解 θ 附近的任意尝试解 θ^* 及其增量 $\delta\theta$ 满足

$$\varphi(\theta^*) + \left[\nabla_\theta \varphi(\theta^*)^{\mathrm{T}} \right]^{\mathrm{T}} \delta\theta = 0 \tag{2.16}$$

即

$$\sum_{i=1}^{n} \left[\frac{\partial r_i}{\partial \theta_j} \frac{\partial r_i}{\partial \theta_k} + r_i \frac{\partial^2 r_i}{\partial \theta_j \partial \theta_k} \right]_{\theta^*} \delta\theta_j = - \sum_{i=1}^{n} \left[r_i \frac{\partial r_i}{\partial \theta_k} \right]_{\theta^*} \tag{2.17}$$

如果 θ^* 偏离真实模型解 θ 不大,就可以忽略二阶偏导系数项,从而化简成线性最小二乘解的方程组:

$$\sum_{i=1}^{n} \left[\frac{\partial r_i}{\partial \theta_j} \frac{\partial r_i}{\partial \theta_k} \right]_{\theta^*} \delta\theta_j = - \sum_{i=1}^{n} \left[r_i \frac{\partial r_i}{\partial \theta_k} \right]_{\theta^*} \tag{2.18}$$

以矩阵形式表示为

$$\boldsymbol{A}^{\mathrm{T}} \boldsymbol{A} \delta\theta = \boldsymbol{A}^{\mathrm{T}} \boldsymbol{r} \tag{2.19}$$

其中

$$\boldsymbol{A} = \begin{pmatrix} 1 & \dfrac{\partial T_1}{\partial x_0} & \dfrac{\partial T_1}{\partial y_0} & \dfrac{\partial T_1}{\partial z_0} \\ \vdots & \vdots & \vdots & \vdots \\ 1 & \dfrac{\partial T_n}{\partial x_0} & \dfrac{\partial T_n}{\partial y_0} & \dfrac{\partial T_n}{\partial z_0} \end{pmatrix}, \boldsymbol{r} = \begin{pmatrix} r_1 \\ \vdots \\ r_n \end{pmatrix}$$

根据方程(2.17)求得 $\delta\theta$ 后,以 $\theta = \theta^* + \delta\theta$ 更新尝试解,通过多次迭代,直至

目标函数 $\varphi(\theta)$ 足够小(或模型参数增量很小或迭代次数达到最大),就可以确定模型参数的解 $\hat{\theta}$。

在单井监测中,需要加上方位角约束的条件才能在水平方向上确定震源位置,其目标函数可以定义为 $\varphi = \sum\limits_{i=1}^{n} [t_i - t_0 - T_i(x_0, y_0, z_0)]^2 + w \sum\limits_{i=1}^{n} (az_i^{obs} - az_i^{cal})^2$, w 为权系数, az^{obs} 为观测方位角,根据旋转之后的检波器水平分量作偏振分析得到, az^{cal} 是实际观测的方位角。这里的走时包括 P 波和 S 波的信息,观测方位角可以用 P 波偏振或者 S 波偏振来计算。

2.5.2　主事件定位

速度模型是绝对定位误差的主要来源之一,相对定位是一种能有效减小因地层速度模型不精确而引起误差的定位方法。相对定位法的一个基本假设是如果微地震事件震源位置接近,震源之间的距离远小于震源到台站的距离以及波速非均质性尺度,则事件对到台站的射线路径基本一致,近似认为速度模型引起的误差相同,不影响相对定位的结果,事件对的走时差由微地震事件的相对位置确定。水力压裂诱生微地震中有很大一部分是重复地震,这为利用相对定位法提供了条件。

主事件定位法(图2.9)是选取一个较为精确的微地震事件位置,通过反演定位出此事件周围的一簇子事件的位置信息。假设主事件为 R,现已知其震源模型参数为 $\theta_R = (t_R, x_R, y_R, z_R)$,待求 R 附件子事件 U 的震源模型参数 θ_U,则有

$$事件\ R: t_R = t_{R0} + T_R(x, y, z) \tag{2.20}$$

$$事件\ U: t_j = t_{j0} + T_j(x, y, z) \tag{2.21}$$

式中, t_R, t_j 是微地震事件的绝对走时, t_{R0}, t_{j0} 是微地震发震时刻; $T_R(x, y, z)$, $T_j(x, y, z)$ 是震源到检波器的理论计算走时。

将式(2.19)在 θ_R 点作一阶 Taylor 展开,再与式(2.18)相减,得到

$$\delta t_R = \delta t_{Rj} + \frac{\partial T_j}{\partial x_R} \delta x_R + \frac{\partial T_j}{\partial y_R} \delta y_R + \frac{\partial T_j}{\partial z_R} \delta z_R \tag{2.22}$$

其中

$$\delta t_R = t_j - t_R, \delta t_{Rj} = t_{j0} - t_{R0}, \delta x_R = x_j - x_R, \delta y_R = y_j - y_R, \delta z_R = z_j - z_R$$

由式(2.20)可反演得到事件 U 对事件 R 的相对位置 $\delta\theta(\delta t_{R0}, \delta x_R, \delta y_R, \delta z_R)$，于是可求得其震源参数

$$\theta_j = \theta_R + \delta\theta \tag{2.23}$$

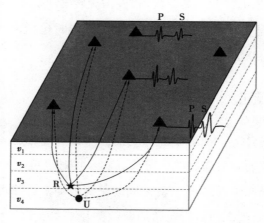

图 2.9　主事件定位法示意图

在深井定位时，如果能够记录到清晰的射孔信号，则可以根据射孔信号的位置和记录时间来校正计算出的旅行时，可以进行相对射孔位置的相对定位，大大提高微地震的定位精度。

相对方位角的定位原理为

$$\mathrm{d}Az^{obs} = \mathrm{d}Az^{cal} \tag{2.24}$$

即

$$\delta Az_R = 0 + \frac{\partial Az_j}{\partial x_R}\delta x_R + \frac{\partial Az_j}{\partial y_R}\delta y_R + 0 \tag{2.25}$$

通过与式(2.20)联立，求解超定方程组，即可准确求得子事件 U 的位置。如图 2.10 所示，五角星 R 是主事件，圆点 U 是真实的子事件位置，由于地层天然存在各向异性或者在压裂过程中产生裂缝等，射线传播到检波器的路径会发生弯曲(图中实线)，与震源-检波器连线(图中虚线)不一致；通过对检波器记录的信

号作极化分析,定位得到沿着 U 射线路径在检波器处的切线方向的错误位置
(正方形 U′);而采用相对方位角可以有效解决这个问题,定位得到真实的位
置 U。

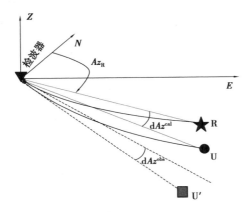

图 2.10　相对方位角定位示意图

2.6　本章小结

本章阐述了微地震监测的基本原理。微地震与声发射信号产生的理论基
础是莫尔-库仑准则以及断裂力学准则,该信号是以弹性波的形式释放出来的;
分别介绍了微地震监测方法和声发射研究方法。对于微地震监测,主要有井中
监测和地表监测两种不同的监测方式,并分析了各自的优缺点,提出适合本书
研究的观测方式是井中-地表联合监测,对记录到的微地震数据进行处理的方
法,包括检波器校正、长度时窗能量比;实验室声发射研究方法与微地震相同,
定位方法采用绝对定位法以及主事件定位法。

第 3 章　基于双差法的声发射定位研究

3.1　引　言

在实验室物理模拟实验中,岩石破裂产生的声发射信号被安装在岩石表面的换能器接收到,换能器将声波信号转换成电信号,然后通过信号处理采集系统的分析、放大,就得到观测到的声发射波形信号,通过最优的算法寻找得到声发射源的位置,从而确定岩石破裂的位置和区域。影响声发射定位的因素有:声发射事件产生的波形有很多噪声,导致拾取走时不准确;岩石破裂产生裂缝会改变地震波的传播速度等。本章在常规定位算法的基础上,引入双差(Double Difference,DD)定位算法,理论模拟了在实验室水力压裂实验中该算法的适用情况。

3.2　双差定位原理

当事件对(即两个微地震事件)之间的距离相对于它们各自到检波器的距离很小,并且传播路径上的速度变化不大时,这两个震源到同一检波器的射线路径基本相同或者相近,可以认为它们之间的走时残差与两震源点之间的距离有较强的相关性。这种方法的优点是降低了传播路径上速度对定位结果的影响,提高了微地震事件相对位置的精度。

双差定位示意图如图 3.1 所示。

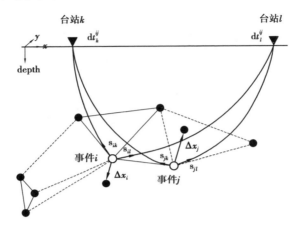

图 3.1　双差定位示意图

（实线表示互相关迭代的位置,虚线表示绝对走时迭代的位置,箭头表示最终迭代的位置）

设事件 i 到台站 k 的观测走时为 T_k^i ,则表示为:

$$T_k^i = \tau^i + \int_i^k u \mathrm{d}s \tag{3.1}$$

式中, τ^i 是 i 事件的发震时刻, u 是慢度场, $\mathrm{d}s$ 是积分路径。将其线性化作泰勒展开得到:

$$T_k^i = \tau^i + \frac{\partial T_k^i}{\partial x}\Delta x^i + \frac{\partial T_k^i}{\partial y}\Delta y^i + \frac{\partial T_k^i}{\partial z}\Delta z^i + \frac{\partial T_k^i}{\partial \tau}\Delta \tau^i \tag{3.2}$$

设理论计算走时 t^{cal} ,实际走时 $t^{\mathrm{obs}} = T_k^i - \tau^i$, $\Delta \boldsymbol{m}^i = (\Delta x^i, \Delta y^i, \Delta z^i, \Delta \tau^i)$, $r_k^i = (t^{\mathrm{obs}} - t^{\mathrm{cal}})_k^i$,则可将上式简写成:

$$\frac{\partial T_k^i}{\partial \boldsymbol{m}}\Delta \boldsymbol{m}^i = r_k^i \tag{3.3}$$

同理,事件 j 对同一台站 k 也能得到这样的线性方程:

$$\frac{\partial T_k^j}{\partial \boldsymbol{m}}\Delta \boldsymbol{m}^j = r_k^j \tag{3.4}$$

联立两个方程得到残差方程（双差方程）:

$$\frac{\partial T_k^j}{\partial \boldsymbol{m}}\Delta \boldsymbol{m}^j - \frac{\partial T_k^i}{\partial \boldsymbol{m}}\Delta \boldsymbol{m}^i = r_k^j - r_k^i = dr_k^{ij} = (t_k^i - t_k^j)^{\mathrm{obs}} - (t_k^i - t_k^j)^{\mathrm{cal}} \qquad (3.5)$$

完整的表达形式为：

$$\frac{\partial T_k^i}{\partial x}\Delta x^i + \frac{\partial T_k^i}{\partial y}\Delta y^i + \frac{\partial T_k^i}{\partial z}\Delta z^i + \Delta \tau^i - \frac{\partial T_k^j}{\partial x}\Delta x^j - \frac{\partial T_k^j}{\partial y}\Delta y^j - \frac{\partial T_k^j}{\partial z}\Delta z^j - \Delta \tau^j = dr_k^{ij}$$

$$(3.6)$$

对于所有的事件对和所有的台站，形成线性矩阵方程：

$$\boldsymbol{WGm} = \boldsymbol{Wd} \qquad (3.7)$$

这里，$\boldsymbol{G}$ 是偏导矩阵，大小为 $M \times 4N$（M 是双差数；N 是事件个数），$\boldsymbol{d}$ 是长度为 M 的双差数据向量，$\boldsymbol{m}$ 是长度为 $4N$ 的待求参数，$\boldsymbol{W}$ 是一个加权对角矩阵。该方程组可以通过 SVD 求解或者阻尼最小二乘求解。为了对方程组模型向量的整体偏移量进行限制，在式（3.7）的基础上加了 4 个方程组，令每一个模型参数向量的整体偏移量都为零，即

$$\sum_{i=1}^{N} \Delta \boldsymbol{m}_i = 0 \qquad (3.8)$$

由于双差定位对 cluster 的绝对位置的误差很敏感，在设置反演参数时，通常对式（3.8）进行降加权，使 cluster 的中心位置缓慢向真实位置移动，并且校正初始绝对位置的误差。

1）误差计算

通过最小二乘求解线性方程组，会对模型的计算带来误差，为了估算这个误差，假定观测数据服从高斯分布，具有零平均值，在方差为 var_d 的条件下，分析在反演过程中，观测数据的误差对模型参数的影响。设模型 $\boldsymbol{m}$ 的误差为 $\boldsymbol{\sigma}_{\mathrm{m}}$，对应的观测数据误差为 $\boldsymbol{\sigma}_{\mathrm{d}}$，则

$$\boldsymbol{d} + \boldsymbol{\sigma}_{\mathrm{d}} = \boldsymbol{Gm} + \boldsymbol{G\sigma}_{\mathrm{m}} \qquad (3.9)$$

式中

$$\boldsymbol{\sigma}_{d} = \begin{pmatrix} \sigma_{d1} \\ \sigma_{d2} \\ \vdots \\ \sigma_{dM} \end{pmatrix}; \boldsymbol{\sigma}_{m} = \begin{pmatrix} \sigma_{m1} \\ \sigma_{m2} \\ \vdots \\ \sigma_{mM} \end{pmatrix}$$

根据模型参数的扰动,可以写成方程组:

$$\boldsymbol{\sigma}_{d} = \boldsymbol{G}\boldsymbol{\sigma}_{m} \tag{3.10}$$

奇异值分解后得到:

$$\boldsymbol{\sigma}_{m} = \boldsymbol{V}\boldsymbol{\Lambda}^{-1}\boldsymbol{U}^{T}\boldsymbol{\sigma}_{d} \tag{3.11}$$

由此得到,最小平方解 $\boldsymbol{m} = \boldsymbol{V}\boldsymbol{\Lambda}^{-1}\boldsymbol{U}^{T}d$ 的协方差矩阵为:

$$[\operatorname{cov} \boldsymbol{m}] = \boldsymbol{\sigma}_{m}\boldsymbol{\sigma}_{m}^{T} = \boldsymbol{V}\boldsymbol{\Lambda}^{-1}\boldsymbol{U}^{T}\boldsymbol{\sigma}_{d}\boldsymbol{\sigma}_{d}^{T}\boldsymbol{U}\boldsymbol{\Lambda}^{-1}\boldsymbol{V}^{T} \tag{3.12}$$

因为观测数据是相互独立的,且均为单位标准方差,则:

$$[\operatorname{cov} d] = \boldsymbol{\sigma}_{d}\boldsymbol{\sigma}_{d}^{T} = \operatorname{var}_{d}\boldsymbol{I} \tag{3.13}$$

则式(3.12)可以简化为:

$$[\operatorname{cov} \boldsymbol{m}] = (\boldsymbol{V}\boldsymbol{\Lambda}^{-1}\boldsymbol{U}^{T}) \operatorname{var}_{d}\boldsymbol{I}(\boldsymbol{U}\boldsymbol{\Lambda}^{-1}\boldsymbol{V}^{T}) = \operatorname{var}_{d}\boldsymbol{V}\boldsymbol{\Lambda}^{-2}\boldsymbol{V}^{T} \tag{3.14}$$

而[cov $\boldsymbol{m}$]的对角元素即为模型参数 m 的误差平方估计,记误差平方估计为 e_{i}^{2},则可以写成:

$$e_{i}^{2} = \boldsymbol{C}_{ii} \cdot \operatorname{var}_{d} \tag{3.15}$$

这里,$\boldsymbol{C}_{ii}$ 是协方差矩阵 $\boldsymbol{C} = \boldsymbol{V}\boldsymbol{\Lambda}^{-2}\boldsymbol{V}^{T}$ 的对角元素,var 是观测数据的加权残差的方程,表达式为:

$$\operatorname{var}_{d} = \frac{\displaystyle\sum_{i=1}^{M} (w_{ii}d_{i} - \bar{d})^{2} - \frac{\left(\displaystyle\sum_{i=1}^{M} (w_{ii}d_{i} - \bar{d})\right)^{2}}{M}}{M - (4N)} \tag{3.16}$$

式中,$\bar{d}$ 加权残差 $w_{ii}d_{i}$ 的平均值,d_{i} 是第 i 个观测数据的加权残差。

2)加权系数

在迭代求解线性方程组过程中,对于数据初至的拾取质量和互相关数据的关联程度,分别设置 pick 质量(0-1)和互相关系数(0-1)作为加权系数;由于距离和残差不同会对定位结果产生影响,我们采用双加权函数来约束求解过程。

首先,定义残差加权函数 WR

$$WR_i = \left(1 - \left(\frac{\boldsymbol{dr}_i}{\boldsymbol{dr}_{\max}} \right)^3 \right)^3 \tag{3.17}$$

$$\boldsymbol{dr}_{\max} = \alpha \frac{\boldsymbol{dr}_{\mathrm{med}}}{0.674\ 49} \tag{3.18}$$

式中,$\boldsymbol{dr}_i$ 是第 i 个事件对之间的残差,$\boldsymbol{dr}$ 是 $\boldsymbol{dr}_i$ 的矢量,$\boldsymbol{dr}_{\mathrm{med}} = \mathrm{med}(|\boldsymbol{dr}_i - \mathrm{med}(\boldsymbol{dr})|)$ 是矢量 $\boldsymbol{dr}$ 的中值的绝对偏差的中值,高斯噪声水平为0.674 49,α 是标准偏差拒绝水平的因子,一般取值为 3~6,如图 3.2(a)所示,取 $\boldsymbol{dr}_{\max} = 0.03$ ms 时,地震目录数据和互相关数据对应的加权系数随残差变化而变化,它们总体的趋势随着残差增大,加权系数逐渐减小;由于互相关数据在最后计算相对位置时比地震目录更准确,所以地震目录数据的权重应该减小 100 倍。

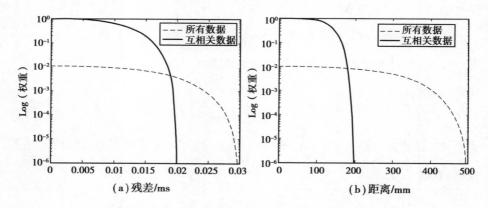

图 3.2　残差加权(a)和距离加权(b)的函数示意图

接着介绍距离加权函数 WD

$$WD_i = \left(1 - \left(\frac{s_i}{s_{\max}} \right)^a \right)^a \tag{3.19}$$

式中,s_i 是第 i 个事件对之间的距离,$s_{\max}$ 是距离阈值,任何事件对之间的距离大于这个值就舍去,a 是决定权重曲线形状的指数,一般取值 3 ~ 9。为了理解距离加权的原理,作出图 3.2(b),地震目录数据和互相关数据的加权系数随着事件对的距离的增大而变小,尤其是对于互相关数据,加权系数应该随着距离增加快速减小,这样可以增加近距离事件对的联系,获得精确的相对位置。

3.3　双差定位在声发射研究中的误差分析

1)建立模型

为了研究影响声发射定位算法的因素,我们采用理论模拟的方法测试双差定位算法的适用性。根据已有实际真三轴水力压裂的数据,设计了如图 3.3 所示的模型。

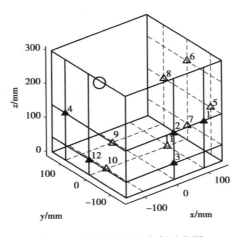

图 3.3　声发射探头分布示意图

样品大小为 300 mm×300 mm×300 mm 的人造岩石,共布置 12 个声发射探头,分别分布在 4 个面上,如图 3.3 所示,黑色圆圈表示注水井口,通过注水加压和增加围压,模拟真实地层的裂缝破裂效果;假定微裂缝破裂产生的声发射事件呈一定形状分布(如面状或者线状),正演走时得到声发射探头的走时信息,通过加入噪声或者改变速度模型等参数,分析得到定位结果与真实位置的差异。研究影响因素主要有速度模型误差、走时拾取误差、各向异性误差、不同裂缝倾角定位误差。在不同影响因素下,计算定位结果与真实位置的误差,这里定义误差为计算位置与真实位置的欧式距离,单位为 mm。

2)速度模型误差的影响

由于实际很难准确测得岩石的速度值,我们只能使用近似计算的速度去反演震源位置,为此,研究速度模型估算误差对定位算法的影响。首先假定岩石的真实速度是 3 800 m/s,利用这个真实速度正演出走时数据,共 378 个声发射事件呈面状分布;在反演时,采用加入噪声的速度模型进行反演,噪声的水平依次为:−20% 、−15% 、−10% 、−5% 、−2.5% 、0% 、2.5% 、5% 、10% 、15% 、20% 。

图 3.4 和 3.5 分别给出了速度模型估算误差为−5% 和+5% 时的定位结果图,黑色的+号为真实的震源位置,黑点和黑圈分别是用 Geiger 法和 DD 定位的结果。从图 3.4 和图 3.5 中可以看出,速度模型估算误差偏小时,定位结果收缩;速度模型估算误差偏大时,定位的结果在 x、y、z 方向上向外发散;两种情况下定位结果变化程度最大的是 Geiger 定位法,尤其对速度模型估计偏大时非常敏感,超出了岩石模型的边界,而双差定位结果在两种情况下都表现出反映裂缝形态的定位结果;双差定位结果在速度模型误差偏大时,不能反映出裂缝面的准确倾角信息,即远离检波器的声发射事件位置往检波器方向移动,导致裂缝面的倾角估算偏小。

图 3.6 给出了不同速度模型误差下的平均定位误差及其对应的方差,从图中可以看出,随着速度模型误差的增大或者减小,定位误差都会增大,并且方差也随着增大;从左右两边可以看出,速度模型偏大的定位误差要比速度模型偏小的定位误差偏大,因为根据 $t=s/v$,速度模型偏大 5% 计算的走时 $s/(1.05v)$ 要比速度模型偏小5% 计算的走时 $s/(0.95v)$ 变化要小,所以速度模型偏大定位误差就小。从两种算法来看,DD 法的实用性更强,即不管速度模型估算偏大或

偏小,定位误差都不会变化很大,而 Geiger 法在速度误差较小时定位结果较好。

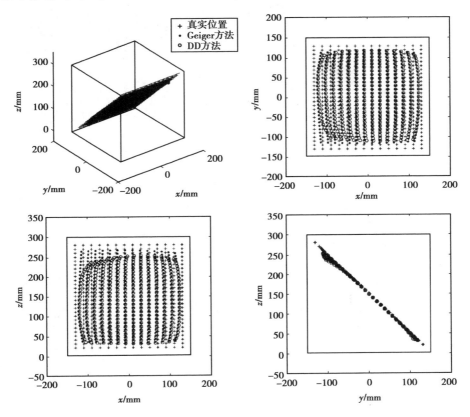

图 3.4　速度模型估算误差为 -5%(3.61 km/s)的定位结果图

图 3.7 给出了 x 轴方向定位误差随震源-检波器距离的变化关系,通过计算 x 轴正向的 yz 平面检波器的中心位置作为检波器综合位置,震源在 yz 平面的投影与检波器中心位置的距离作为横轴(称为震中距),震源在 x 轴方向的误差作为 y 轴;从图 3.7 中可以看出,不管速度模型估算误差偏大还是偏小,误差随震中距的增大而增大,并且对于同一震中距,深度越深(x 轴方向距离越大),定位误差也越大,并且近似得到定位误差与震源深度的关系为 $1:30$。

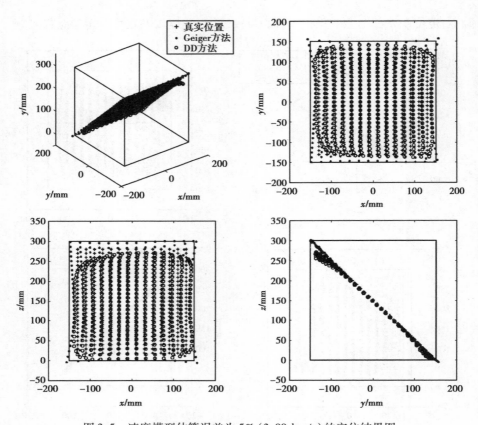

图 3.5　速度模型估算误差为 5%(3.99 km/s)的定位结果图

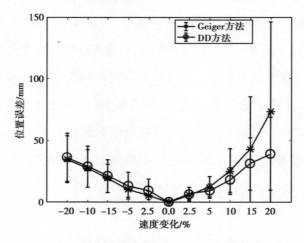

图 3.6　不同速度模型估算误差的定位误差统计图

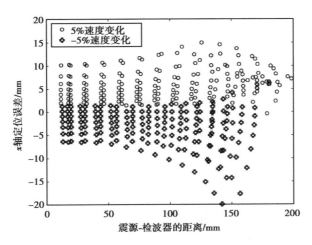

图 3.7　x 轴方向定位误差随震源-检波器距离的变化

　　图 3.8 给出了速度模型误差为−5% 时不同方向的误差统计图,z 轴方向的误差平均值最大,为 7.93 mm,它反映了单边监测的缺点:不能有效监测定位出距离检波器一定距离之外的震源;相比之下,x 轴方向定位误差平均值约为 6.6 mm,表明大部分震源在 x 轴方向都约束很好,充分显示了双边监测的优点。

3）初至走时误差的影响

　　走时定位的方法简单快速,但是现有的走时提取的方法精度还不高,比如 STA/LTA 法或者手动拾取,都会对走时信息引入误差,从而影响最终的定位结果,为此,研究不同初至走时拾取误差对定位结果的影响,根据实际记录的数据信息,设定声发射事件的频率为 100 kHz,采样间隔为 0.2 μs,速度模型为 3 800 m/s,共产生 378 个事件呈面状分布,通过对正演的走时数据加入不同水平的噪声:0.2 μs、0.4 μs、0.6 μs、0.8 μs、1.0 μs、1.2 μs、1.4 μs、1.6 μs、1.8 μs、2.0 μs,计算定位结果与真实位置的误差。

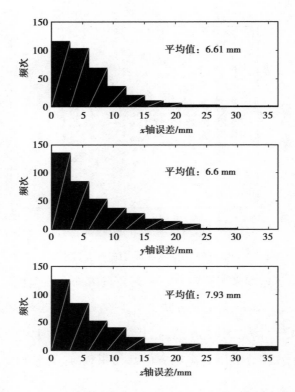

图 3.8　速度模型误差为-5%时的三个方向上的误差统计图

图 3.9 给出了初至误差为 1 μs 时的定位结果图,可以看出,声发射事件的定位结果杂乱无章地排列着,平均定位误差为 5 mm,虽然有些不规则,但是整体的形状还是很明显。图 3.10 给出了不同初至拾取误差的影响结果,平均定位误差和方差随着初至拾取误差的增大而增大,DD 法与 Geiger 法的定位误差都一样;但是在有的情况下,Geiger 法定位误差要比 DD 法小一点,可能是 DD 法通过连接事件对的走时信息,将初至误差增大了一倍所导致。在实际数据处理时,由于 DD 法利用了互相关来提取相对走时信息,因此精度很高,初至误差很小,相比于传统的初至拾取算法的初至误差很大,DD 法定位结果误差会比 Geiger 法要小很多。比如用互相关计算的走时误差在一个采样点左右 0.2 μs,其定位误差大约为 0.6 mm,而传统走时拾取走时方法的误差为 1.0 μs,其定位误差为 3.2 mm。

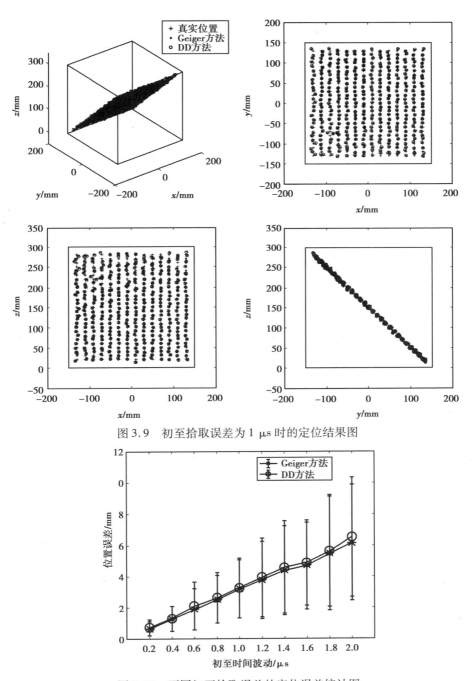

图 3.9 初至拾取误差为 1 μs 时的定位结果图

图 3.10 不同初至拾取误差的定位误差统计图

4）岩石各向异性的影响

在压裂过程中,岩石样品发生破裂,裂缝的定向排列会导致传播速度的变化,对于横向各向同性(TI)速度模型,其速度公式为:

$$v(\theta) = \frac{(v_{max} + v_{min})}{2} - \frac{(v_{max} - v_{min})}{2}\cos(180° - 2\theta)$$

其中,v 是随着射线方向 θ 变化的速度函数,θ 表示射线与对称轴的夹角,这里假设对称轴沿着 x 轴方向,v_{max} 和 v_{min} 分别是最大和最小速度值。

不同各向异性百分比会对定位结果带来误差,设均匀速度结果为 3 800 m/s,产生 378 个事件,研究不同各向异性百分比情况下定位结果的变化:0%、5%、10%、15%、20%、25%、30%、35%、40%。首先用这些设定的各向异性速度正演走时数据,然后用均匀速度模型(3 800 m/s)反演声发射事件的位置,并计算定位结果与真实位置的误差。

图 3.11 给出了各向异性为 20% 时的定位结果图,无论在水平面还是在深度上定位结果都偏离很多,x 方向上位置往中心收缩,而在 y 轴方向,定位结果的宽度跟已知的很接近,呈发散状,造成这种现象的原因是 y 方向速度估算偏小。如图 3.13 所示,设某个声发射事件到 y 轴边界探头的距离为 s_1,速度为 v_1,其传播时间为 t_1,到 x 轴边界探头距离为 s_2,速度为 v_2,其传播时间为 t_2,在定位反演时,假定 t_1-t_2＝常数,现在 y 轴方向估算速度 v_2 变小,则会导致 s_2 变小或者 s_1 变大,即声发射事件到 x 轴探头的距离变小或到 y 轴边界探头距离增大,从而导致如图 3.11 出现的观测现象。对该声发射事件在三个坐标轴上的误差分析得到图 3.12,平均误差最小的是 z 轴,为 3.56 mm,定位误差最大的是 y 轴为 13.58 mm。

在不同各向异性百分比情况下定位误差对比如图 3.14 所示,随着各向异性的增强,定位误差也随着增加,从 0% 的 0 mm 增加到 40% 的 40 mm 误差。定位误差的偏离程度也随着各向异性的增强而增加,两种定位方法表现出一致性。

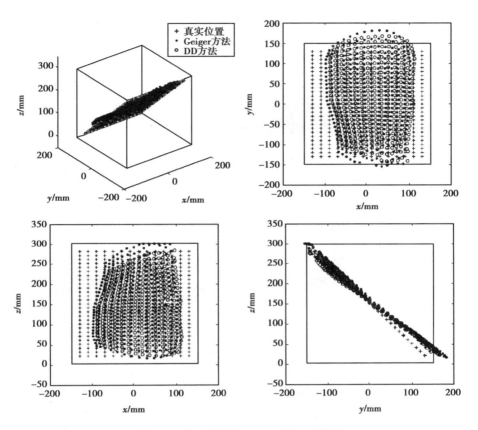

图 3.11 各向异性为 20% 时的定位结果

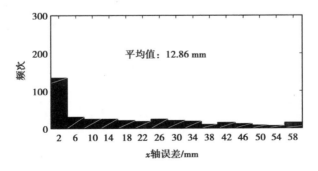

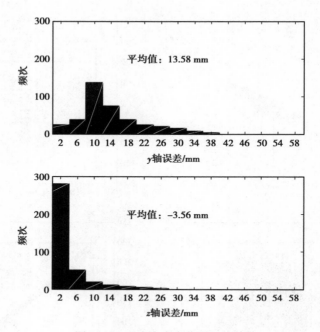

图 3.12　三个方向定位误差统计

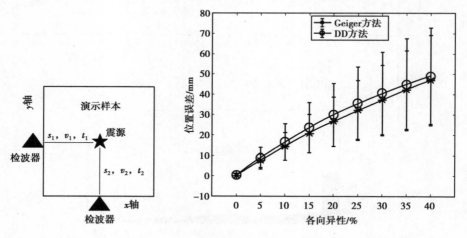

图 3.13　声发射定位误差　　　　图 3.14　不同各向异性百分比的定位误差统计图

　　分析原理图

3.4　本章小结

从以上分析结果可以看出,影响声发射定位误差的程度由大到小依次为:速度模型误差、各向异性误差、走时拾取误差、裂缝面的位置。速度误差估算为10%时的平均定位误差为 27 mm,平均偏离程度为 15 mm,也就是说,最大定位误差为岩石样品尺寸的 1/6,很有可能会超出岩石尺寸大小,应尽量避免速度模型的测量误差,采用精确的速度值;一般在岩石压裂时会产生 10% 的速度各向异性,其产生的平均定位误差为 14.5 mm,平均偏离程度为 6.6 mm,虽然比速度模型估算错误导致的定位误差小,但是仍然超过了 5% 岩石尺寸的误差;其次是走时拾取精度,一般 5 个采样点 1 μs 拾取误差的定位误差为 3.2 mm,平均偏离程度为 1.8 mm,这个可以通过波形互相关来提高精度;台站分布对裂缝面的倾角有一定影响,尤其对于单边监测,用双差定位得到的裂缝面倾角比实际要小。

通过理论模拟了各种影响因素对双差定位结果的影响,可以为实验室真三轴水力压裂实验中岩石破裂的定位方法和结果解释提供指导:

(1)双边监测比单边监测误差小;单边监测会使裂缝面倾角变小。

(2)速度估算偏大,定位发散;速度估算偏小,定位收缩;震源定位误差随着距离检波器中心点位置的增大而增大;对于同一震中距,深度越浅,速度模型估算误差带来的影响也越大。

(3)各向异性的存在会对定位误差产生影响,在做地震定位或者裂缝解释时应该考虑到各向异性的影响。

第4章　基于能量反投影的声发射研究

4.1　引　言

在实验室物理模拟实验中,用定位方法研究岩石破裂的形态变化是研究岩石破裂的主流方法,但是这种方法的缺点是把事件当作点源处理,没有得到裂缝破裂的形态。实际上,微破裂一般是一条裂缝(相对于地质角度,我们称为宏观裂缝,尺度数量级为 $10^{-2} \sim 10^{2}$ m),包括裂缝长度、走向、破裂强度等信息,仅用一个点来描述微破裂会丢失许多有用的信息。因此,本章主要介绍基于相位加权叠加的方法,利用整个波形信息,通过能量反投影,分别讨论不同影响因素对定位结果的影响,从而研究岩石的微破裂。

4.2　反投影法原理

1）分辨率介绍

分辨率概念是借鉴光学分辨率概念提出的,随后在勘探地震中广泛应用。通常定义为区分两个十分靠近的物体的能力,一般用距离表示。在实验室岩石破裂的声发射实验中,探头记录到的波形并不是单个震源产生的,而是多个震源叠加的结果,在波形上表现为多个波峰,现在引入两个准则来表示波形的时间分辨率和空间分辨率。图 4.1 所示为不同时差的两个子波相互叠加的波形。

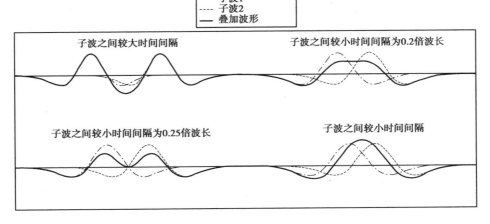

图 4.1 不同时差的子波波形叠加图

Ricker 认为,当两个子波的到时差大于或等于子波主极值两侧的最大陡度点的时间间隔时,这两个子波是可以分辨的,这一时间间隔约为子波主周期的 1/2.3 倍;根据 Rayleigh 准则,两个子波时差为主周期的 1/2 倍时,则可以分辨这两个物体,即:

$$\Delta \tau \geqslant T/2 \tag{4.1}$$

为了计算分辨率,如图 4.2 所示,对式(4.1)两边同乘以传播速度 v,得到式(4.2)

$$s_2 - s_1 = L \cdot \cos \theta \geqslant (v \cdot T)/2 = v/(2f) \tag{4.2}$$

其中,f 是子波主频,θ 是空间两点的连线与探头的夹角。

而根据 Ricker 准则,可以得到分辨率的极限公式为:

$$s_2 - s_1 = L \cdot \cos \theta \geqslant (v \cdot T)/2.3 = v/(2.3f) \tag{4.3}$$

根据式(4.2),我们可以由记录波形的主频和岩石介质波速计算出定位位置的最小间距。例如,在波速为 3 800 m/s 的砂岩中,岩石破裂产生 100 kHz 的声发射波形,我们可以计算出分辨率为 1.9 cm,根据极限准则,计算得到的分辨率为 1.65 cm。

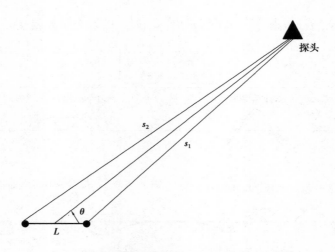

图 4.2　距离为 L 的两个微地震源（圆形实心点）与

探头（三角形实心点）分布的示意图

2）相位叠加技术

叠加技术是在地震资料处理中的一种提高信噪比的方法，用得最广泛的就是线性叠加，Muirhead 提出将 N 次根叠加技术去除多道波形的 spike，从而更好地探测出地震事件，McFadeen 等人成功利用 N 次根叠加方法提高了地震数据的信噪比。设 M 个探头记录波形，叠加时窗长度为 NT，计算网格点到探头的理论到时，通过 N 次根叠加校正波形得到一个 Beam：

$$B(t) = |B'(t)|^N \mathrm{sign}\{B'(t)\} \tag{4.4}$$

$$B'(t) = \frac{1}{M}\sum_{j=1}^{M} |b_j(t)|^{1/N} \cdot \mathrm{sign}\{b_j(t)\} \tag{4.5}$$

最后计算得到在坐标 (x,y,z,t_0) 处的 Beam 的能量大小为：

$$E = \sqrt{\frac{\sum_{t=1}^{NT} B(t)^2}{NT}} \tag{4.6}$$

这里，j 表示探头 $(j=1,2,\cdots,M)$，N 表示叠加因子，t 表示时窗内的采样点数 $(t=1,2,\cdots,NT)$。$B(t)$ 是 M 个探头在第 t 时刻的 N 次根叠加结果，$B'(t)$ 是叠加中间变量，$b_j(t)$ 是第 j 个探头记录的波形。

相位叠加技术，一个地震波可以用频率和相位来唯一表示，区分频率相同的地震波,就可以用相位来表示。一个实数序列的地震记录 $s(t)$,可以表示成对应的复数序列 $S(t)$,其实部就是地震记录 $s(t)$,虚部可以对 $s(t)$ 做 Hilbert 变换,从而得到随时间变化的解析信号 $S(t)$ 的表达式:

$$S(t) = s(t) + iH(s(t)) = A(t)\exp[i\Phi(t)] \tag{4.7}$$

式中,$A(t)$ 是 $s(t)$ 的包络,$\Phi(t)$ 称为瞬时相位(Brace,1965)。我们把解析信号看成在复数空间的一个长度为 $A(t)$ 的向量,长度和方向都随着时间变化而改变,实数轴的投影就是我们地震记录。

为了压制叠加过程中的噪声或者不相干的信号,引入相位叠加作为测量叠加信号的相似性。通常,我们把相位叠加作为信号线性叠加的加权值,它的表达式为:

$$e(t) = \frac{1}{N}\sum_{j=1}^{N} s_j(t) \left| \frac{1}{N}\sum_{k=1}^{N} \exp[i\Phi_k] \right|^v \tag{4.8}$$

这样,对每一个时间点的线性叠加用对应的瞬时叠加相位作为加权,微弱的相关信号可以通过减弱不相关的信号来加强。系数 v 决定了叠加相位的相对大小,从而加强相位相似的信号,减弱不相似相位的信号(本文选取 $v=4$)。另外,作为非线性的叠加方法,波形会存在畸变,但是 PWS 法可以减少这种畸变程度,因为各个地震记录的相关信号的瞬时相位都是相对稳定的,而非相关信号会产生严重畸变。

3)能量反投影

对于在空间上分辨不出的微震事件,可以通过发震时刻来将能量反投影区分开来。Back-projection 方法是反射地震学的逆时偏移的一种简化,在四维空间 (x,y,z,t) 网格里,对于每个网格点在某个发震时刻,我们计算从第 i 个网格到第 j 个探头的理论走时,然后在第 j 个探头提取出一小段波形,最后通过 N 次根叠加技术得到一个 Beam,通过对 Beam 求均方根得到对应第 i 个网格的能量。对所有网格求得到能量就是 t_0 时刻的能量分布图,然后改变发震时刻 t_0,就得到不同时刻下震源位置的变化过程图。

如图 4.3 所示,震源区域被划分为潜在震源的小网格,其中的黑色小圆点都是假设可能的震源位置,两个五角星表示两个实际发生的震源,它们产生的地震波被检波器(黑色三角形)记录到;给定一个时间窗口,对于每个网格点,计算出其到检波器的理论走时,然后用式(4.7)对地震波形进行叠加,得到的能量反投影到对应的网格点上;滑动时窗或者改变发震时刻,就可以得到两个破裂区域的能量分布图,能量出现的先后顺序指示了裂缝破裂的方向。

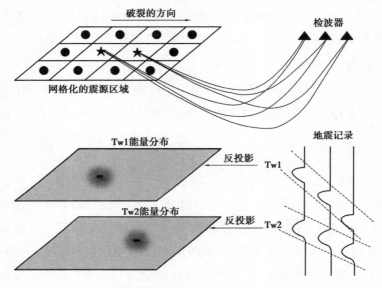

图4.3 反投影方法原理示意图

4.3 分辨率测试

为了便于了解实际定位中此方法的效果,本书研究了在理想情况下不同因素对声发射事件定位结果的影响效果。模型参数设置与实际模型接近,如图4.4所示,在均匀各向同性的二维介质中,模型边长为30 cm,纵波波速 v_p 为3 800 m/s,12 个探头分布在四条边界上,子波采用的是雷克子波,采样频率为10 MHz,频率范围与实际一致,范围在50 ~ 300 kHz。下面研究不同叠加方法、不同频率、不同时窗长度、不同事件间隔和不同发震时刻的影响效果。

1)不同加权系数的效果

设震源点位置坐标在(0,0)(单位:cm),选取的雷克子波主频为100 kHz,

在某时刻发震,12 个探头接收波形,研究在噪声水平为 10% 时的叠加效果,波
形记录如图 4.5 所示,虽然在实际中,几乎观测不到这种理想的单一声发射波
形,但是这种信噪比的波形确实存在,为了研究不同加权系数的成像效果,我们
比较了加权系数 v 取 $0,1,2,4$ 四种不同值时的结果,如图 4.5 所示。

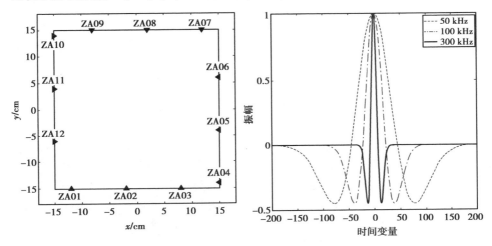

图 4.4　模型示意图(左图)和不同频率的雷克子波(右图)

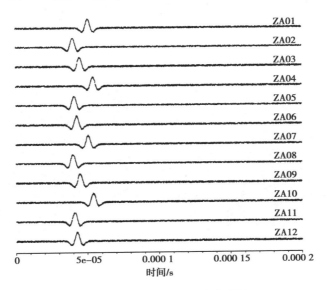

图 4.5　加入 10% 噪声的波形图

　　从图4.6可以看出,线性叠加效果最差,在震源周围产生辐射状的阴影区域,这是噪声和探头排列方式引起的;二次及以上的加权系数得到的叠加效果好,成像精度高,在能量最大点处,波形同相叠加,对信号起放大作用,偏离微地震源处,波形异相位叠加,起缩小的作用。随着加权系数的增大,成像面积越来越小,精度就也越高,当然非线性叠加的波形畸变得越大,但这对定位结果的可靠性没有影响。在实际的定位成像时,在不要求振幅大小失真的情况下,v 值取得满足成像精度即可。在随后的模拟计算中,我们选取 $v=4$ 作为相位加权的系数。

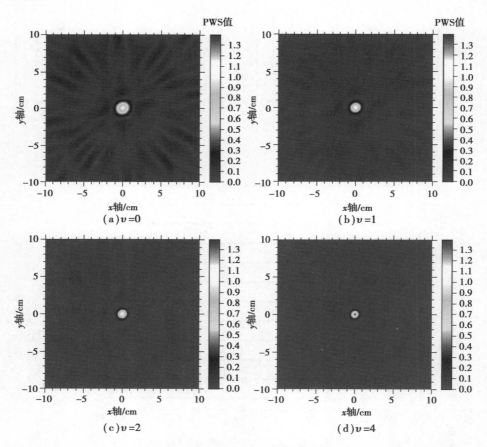

图4.6　不同叠加方法的效果比较

为了测试存在噪声情况下此方法的效果,分别选取了随机噪声水平为 5% 、10% 、25% 和 50% 四种情况下 4 次根叠加的效果图,这里只展示了 50% 噪声水平的波形及其成像结果图(图 4.7)。

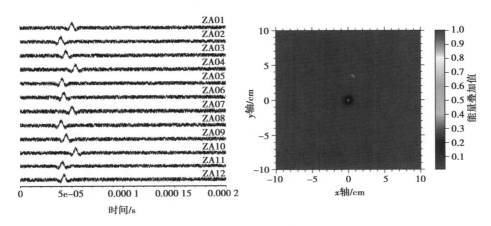

图 4.7　加噪声 50% 波形图(左图)和能量叠加反投影图(右图)

随着噪声水平的增加,成像结果变化不大,当噪声水平达到 50% 时,仍然能够得到很好的定位结果,在中心点处,波形同相位 4 次根叠加,能量得到增强,偏离中心点,能量显著被削弱,说明压制噪声的效果很好,提高信噪比;在实际数据处理时,可以采用 4 次根叠加技术来反演声发射的位置。

2)不同频率子波的影响

真实记录的声发射波形是由不同频率、不同震源的波形叠加而成的,为此,研究间距为 2 cm 的两个震源点的位置分别为 (-1,0) 和 (1,0)(单位:cm),雷克子波的主频为:150 kHz,100 kHz,80 kHz,50 kHz,高频对应子波波长短,低频波长长,分析不同长度的子波对成像的影响,如图 4.8 所示。

图 4.8 表明,子波越窄(频率高),反投影面积小,分辨率越高;子波变宽时(频率低),虽然不能分辨出震源事件,但可以正确反映出破裂面的形态。这是因为子波很窄时,由式(4.2)可知,对应的频率越高(150 kHz),$v/2f$ 越小(1.27 cm<2.0 cm),而 $L \cdot \cos \theta$(这里 $L=2$ cm)一定,足以分辨出距离为 2 cm 的

声发射事件,相反,子波变宽时,频率降低(50 kHz),$v/2f$越大(3.8 cm>2.0 cm),当超过$L \cdot \cos \theta$时,就无法分开;当子波很宽时,在波形上叠加成一个波形,会得到一个圆形的区域,无法分辨两个微地震事件,也不能描述断层面的形态,这时只能当作点源处理,但可以用点源的大小来覆盖真实震源位置,这一点优于利用初至走时定位得到的点源位置。

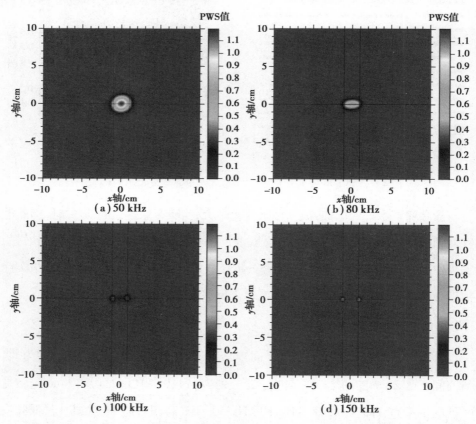

图 4.8 不同子波频率的能量叠加图(两个十字架表示真实的震源位置)

3)不同时窗长度的影响

实际声发射数据是有多个震源叠加产生的多个波包,如何选取叠加时窗也是影响定位分辨率的重要因素,因此,我们选取 100 kHz 频率的子波($T=0.000\ 01$ s),两个微地震源点位置分别为(-1,0)和(1,0)(单位:cm),时窗长度(t_w)依次为:2T、1T、

0.5T、0.25T(T 为主频周期)。图 4.9 为探头记录的理论波形,成像结果如图 4.10 所示。

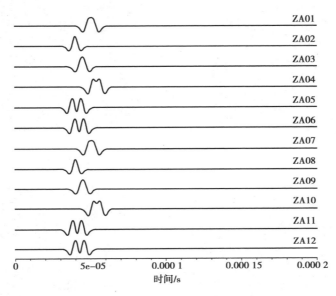

图 4.9 距离为 2 cm 的主频为 100 kHz 子波的两个震源产生的波形图

叠加时窗长度越长,成像面积越大,分辨率越低,无法得到准确的微地震事件位置,如图 4.10(a)所示,当叠加时窗周期为 2 个周期时,距离为 2 cm 的震源被定位成 3 个震源位置;时窗长度越短,成像面积就越集中,分辨率就越高,如图 4.10(d)所示,叠加时窗为 0.25 倍周期,很清晰地得到两个真实的震源位置。由于探头分布的不同,不同探头记录的叠加波形会不一样,有的满足 Rayleigh 准则,有的满足 Ricker 准则,有的都不满足,我们在选择叠加时窗时,可以挑选介于 Ricker 准则和 Rayleigh 准则之间的时窗(0.43T~0.5T)的一半。在实际的数据处理时,滑动时窗长度可以为相邻两个波包之间距离的一半。

4)不同微地震事件间隔的影响

空间中两个震源的距离也是影响分辨率大小的重要因素,我们选 100 kHz 频率的子波,叠加时窗长度为 0.5T,微地震事件间隔 L 依次为:1.4 cm,1.6 cm,1.8 cm,2.0 cm[图 4.11 和图 4.10(c)]。

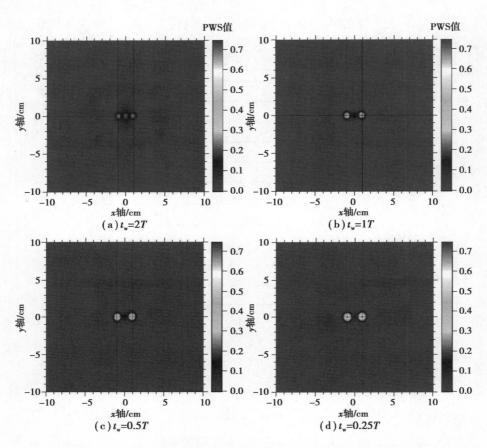

图4.10 不同时窗长度叠加定位图(黑色交线表示真实的震源位置)

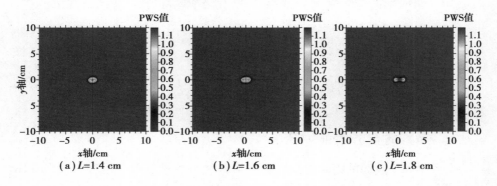

图4.11 不同微地震事件间隔的能量叠加定位图

当距离较近时,无法分辨声发射事件的位置,仅能得到裂缝的破裂形态,当距离达到 2.0 cm[图 4.10(c)]时,可以很清楚地分辨出来。微地震事件空间位置距离近,它们产生的子波时差就小,波形很难在时间上分开,也就不能用能量反投影的方法得到微破裂的位置,根据 Rayleigh 准则,当距离达到 $L \geqslant v_p/(f/2) = 1.9$ cm 时,可以清晰分辨出微地震事件[图 4.10(c)];根据 Ricker 准则,距离大于 $v_p/(f/2.3) = 1.65$ cm 但小于 1.9 cm 时,可以模糊分辨出震源位置,震源事件之间会有一定的能量分布阴影区域[图 4.11(c)];当不满足 Ricker 准则时,成像区域覆盖在震源位置中间位置[图 4.11(a)—(b)]。

5) 不同发震时刻的影响

岩石破裂时产生的声发射事件一般会有先后顺序(即时间延迟),如果在空间上分辨不出来的震源事件,可以设定时间延迟看能否分辨出来。选取 100 kHz 频率($T = 0.000\ 01$ s)的子波,两个微震源点位置分别为 $(-0.5, 0)$ 和 $(0.5, 0)$(单位:cm),发震时刻间隔依次为 $0.15T$、$0.20T$,叠加时窗长度为 $0.25T$。记录的理论波形及其对应的成像图分别为图 4.12 和图 4.13。

微地震事件在发震时刻间隔很小时,无法分辨出来,仅能得到破裂的形态和方向,随着发震时刻间隔的增大,分辨率得到了很好的提高,可以得到准确的微地震事件位置及其迁移方向,同时,可以得到裂缝的破裂速度为 4 km/s,为了得到准确的裂缝成像,破裂速度不能高于这个速度。

根据 Ricker 准则,子波时差低于 $0.43T$ 时[图 4.13(a)—(b),子波时差为 $0.41T$],两个子波叠加成一个波形,在波形上无法区分,只能得到一个平均位置和裂缝的破裂形态;当波包间隔为 $0.43T \sim 0.50T$ 时[图 4.13(c)—(d),子波时差为 $0.46T$],可以在时间上分开波形,成像位置虽然不清楚,但是通过可以获取裂缝的迁移方向和拓展形态;当发震时刻间隔超过半个子波周期时[图 4.10(d),子波时差为 $0.52T$],能从时间上分开波形,也可以获得准确的微地震事件位置及其拓展过程,可以对裂缝破裂面的拓展方向进行动态成像。

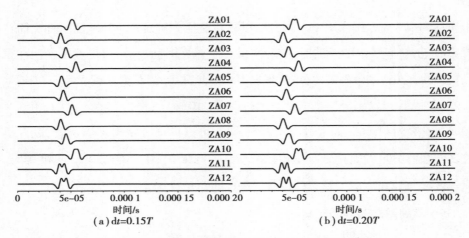

图 4.12 发震时刻间隔为 0.15T 和 0.20T 时的波形图

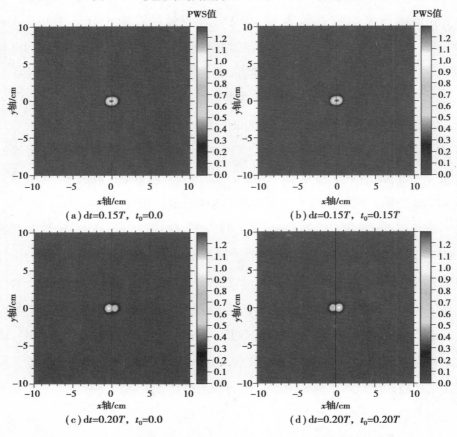

图 4.13 发震时刻间隔为 0.15T 和 0.20T 的能量反投影图

4.4　不同破裂类型的裂缝计算

为了测试此方法的可靠性,设计了三种模型来模拟实际的声发射实验,分别为球源模型、线源模型和混合源模型。这里没有考虑震源机制,即 P 波初动极性在各个探头位置会不同,实际处理数据时,可以通过极性校正来消除震源机制的影响。

1）球源模型

设有一球型破裂源,在某时刻同时发震,在破裂半径为 R 的坐标轴上同时产生 4 个震源,取子波的主频为 100 kHz。在均匀各项同性的二维介质中,纵波波速 v_p 为 3 800 m/s,12 个探头分布在四条边界上[图 4.14(a)]。破裂半径 R 依次为:1.0 cm,1.1 cm,1.2 cm,1.3 cm。

破裂半径很小时,定位得到一个位置,并且 R 越小,定位结果越接近圆形[图 4.14(a)],因为 4 个点源距离很近,波形上分辨不出来,不满足 Ricker 准则和 Rayleigh 准则,可以等效为一个具有一定大小的点源;当半径变大时,成像区域趋于点源组成的形状[图 4.14(b)];当半径达到一定距离时,便可以区分出不同的事件位置,此时,相邻两个点源间距为 1.69 cm[图 4.14(c)]和 1.83 cm[图 4.14(d)],且满足 Ricker 准则;当半径更大时,满足 Rayleigh 准则,则成像精度更高。

在实际数据处理时,定位得到一个圆形区域,表明有一个大的事件或者多个小事件组合在一起的,如果是多个小事件的话,它们之间的距离会很近,我们可以当作一个震源来处理,并用一定大小的面积来表示。

2）线源模型

设有一线源破裂模型,4 个点源都分布在 x 轴,第一个坐标为:(-1.5,0)(单位:cm),间隔为 1 cm,从左到右依次发震,破裂速度为 5 km/s,发震间隔都为 0.2T,子波的主频为 100 kHz(t=0.000 01 s)。图 4.15 为线源模型示意图及其对应的波形图。

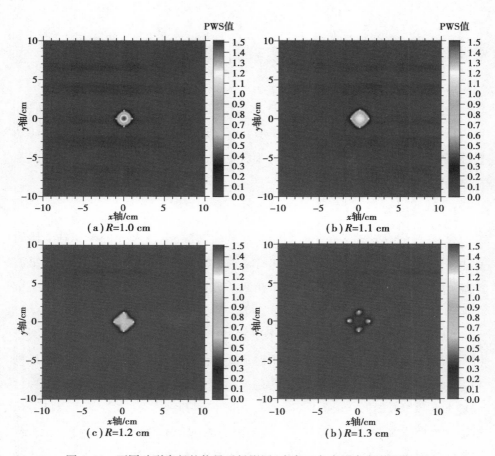

图 4.14　不同破裂半径的能量反投影图(白色五角表示真实震源位置)

　　图 4.16 展示了不同发震时刻下的成像结果,随着发震时刻的移动,可以看到裂缝破裂的形态和方向,并且每个时刻都能准确获得声发射事件的位置点,获得裂缝拓展的动态成像。根据 Ricker 准则,波形的波包间隔(0.46T)接近于$T/2$,可以区分相邻微地震事件的位置;在波形记录上,中间两个点源产生的子波较小,因为子波的负相位波形由中间两个子波异相位叠加引起的;然而在成像上,中间两个点源成像很清晰,这是相位加权叠加对弱相似信号起加强作用造成的,如果用线性叠加则会导致叠加能量太小,成像不清晰。

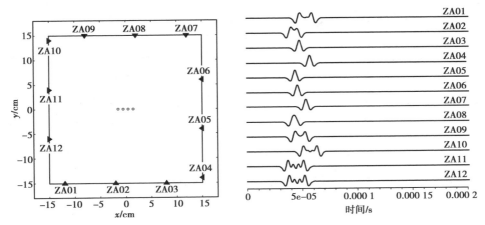

图 4.15　线源模型示意图(左图)和探头记录的波形图(右图)

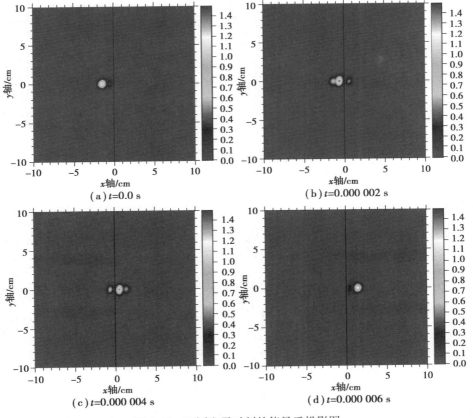

图 4.16　不同发震时刻的能量反投影图

3）混合源模型

设一混合破裂模型，首先在原点处有一球形震源，在某一时刻突然破裂产生 4 个微震位置，破裂半径为 0.2 cm，随后裂缝沿着 x 轴正向传播，破裂速度先快后慢，发震间隔为 $0.25T$，声发射事件间隔依次为 1 cm、2 cm 和 1 cm，破裂速度依次为 4 km/s，8 km/s，4 km/s。子波的主频为 100 kHz。图 4.17 分别为混合源模型示意图及其对应的波形记录。

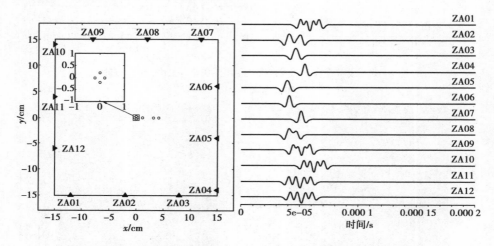

图 4.17 混合源模型示意图（左图）和探头记录的波形图（右图）

图 4.18 清晰地呈现出裂缝的破裂过程，在 $t=0$ 时刻发震，很好地对半径为 0.2 cm 的张性破裂源进行了成像，由于 4 个点源距离很近，产生的波形图相叠加，无法从波形分辨开来，我们可以用一个等效源来代替；随着裂缝向前传播，可以得到每个时刻裂缝的迁移过程，且能量最大的点处对应真实的微地震事件位置点，这是因为波形的波包间隔实际是事件位置和发震时刻综合作用产生的时差，这个时差大于半个周期时，就能很清楚地分辨出两个微地震事件。

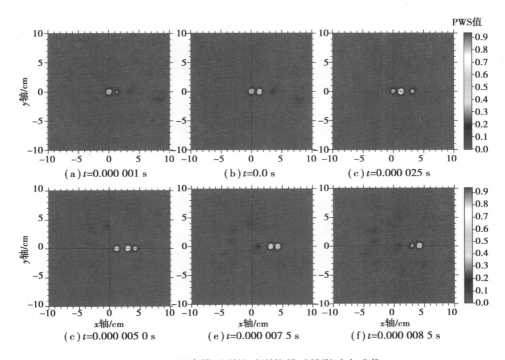

图 4.18　混合模型裂缝破裂能量反投影动态成像

4.5　本章小结

对于加权叠加方法,加权系数 υ 越高,效果越好,但是叠加波形畸变也越严重,并且计算效率会下降,在实际的定位成像时,在不要求振幅大小失真的情况下,υ 值取得满足成像精度即可,本书取 υ 为 4,可以在噪声为 10% 的情况下对震源位置进行清晰成像;时窗叠加长度对成像结果也有影响,超过一个周期的叠加长度会得到多个声发射位置,有时可能得到错误的结果,所以时窗最好选择半个主频周期;Rayleigh 准则($\Delta\tau \geqslant T/2$)是衡量分辨率的标准,子波时差是表现在波形上相邻波包之间的距离,这个距离是由微地震事件间距、子波主频和发震时刻综合作用的结果,对于不同频率的子波,由 $T/2 = v_\mathrm{p}/(2f)$ 可知,频率越高,可分辨的距离越小,成像效果越好;微地震事件间距 L 越大,波形分开越开,越容易分辨出微地震事件;发震时刻影响在 $\Delta\tau$ 上,对于一定距离的两个微地震事件,同时发震难以区分,但是加上发震时刻的延时,可以在波形上区分开来,进而分辨出微震事件;Ricker 准则是两个波形时间分辨率的极限准则,满足 Ricker 准则不一定能分辨出相邻两个震源位置,但可以得到破裂面的形态。对于速度 3 800 m/s 的砂岩,主频为 100 kHz 的声发射波形可以分辨的最小距离为 1.9 cm,如果要分辨出距离为 1 cm 的微地震事件,那么裂缝的破裂速度达到 4 200 m/s 才能分辨出来。

理论模拟给我们提供了一个新思路研究岩石的微破裂,即利用波形信息研究破裂岩石的裂缝拓展过程,我们得到以下一些结论:

(1)能量反投影方法利用波形信息,可以获取声发射和水力压裂过程中的微地震破裂面的形态;

(2)相位加权叠加可以大幅度提高能量反投影方法的成像精度;

(3)成像分辨率由 Rayleigh 准则控制:$(s_2-s_1)/v \geqslant T/2-L/v_0$。

第5章 实验室岩石裂缝破裂声发射研究

野外压裂地层是处于高压状态下进行施工的,为了模拟野外地层压裂过程的变化,实验室真三轴压裂实验通过对野外采集的露头岩样施加三轴压力并打孔注入液体压裂来进行模拟,岩石压裂实验给了我们利用微地震研究裂缝拓展,并进一步通过其他方法进行验证的条件。岩石破裂会产生声发射信号,这些信号包含着复杂的力学信息,反映了岩石破裂裂缝的信息。研究这些波形信号,可以获取岩石破裂过程的重要信息,从而为实施缝网压裂提供技术支撑。本章依据实际水力压裂生产的施工参数和页岩储层的力学特征,通过室内实验室手段,对人工制作或切割真实露头地层的页岩样品作水力压裂实验,根据记录到的声发射信号来检验和验证两种微地震定位方法来研究岩石裂缝拓展规律。

5.1 实验设备及实验方法

5.1.1 实验设备

1)声发射监测系统

实验室采用的声发射监测系统包括传感器、集线器、前置放大器、数字转换器、存储器、显示器和 AEwin 信号采集与分析一体化软件,如图 5.1 所示。该系统可以实现声发射信号的实时监测,它采用 32 通道的声信号采集系统,将声发射能量的压力信号转化为电信号,通过计算机硬盘存储起来。本系统为USB3.0 接口,采样频率为 4 MHz,采集卡数据通过率大于 262 MB/s,最大优点是全波形采集,所有通道可以连续存储 11.6 h 的波形数据,A/D 转换精度为 16 bit。

该数据采集系统具有高采集率和传输速率、强存储能力,并具有低仪器噪声,可以实现多通道声发射波形连续记录,其性能达到国际先进水平,满足水力压裂实验的要求。

2)加载系统

实验系统由真岩心塞、应力加载系统、泵注系统、混砂器、CO_2 相态控制系统、数据采集系统及辅助装置等部分构成,主要针对大尺寸露头、人造岩心等试样开展水平井分段压裂、多井同步压裂、液态 CO_2 压裂的物理模拟研究,其整体结构如图 5.2 所示。实验过程中,在岩样四周及地面采用扁千斤顶施加刚性载荷来模拟水平最大、最小及垂直地应力,各应力值由稳压源通过液压向扁千斤顶施压,最大水平主应力可达 30 MPa;在压裂时,通过 MTS 增压将油水分离器中的压裂液注入试样形成高压,其注入速率和总注入量可以由 MTS 控制器控制,最大排量为 60 mL/min,最大泵注压力为 65 MPa,满足实际地层的力学参数。

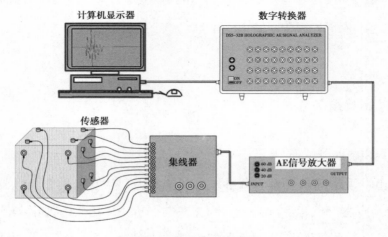

图 5.1　声发射监测系统

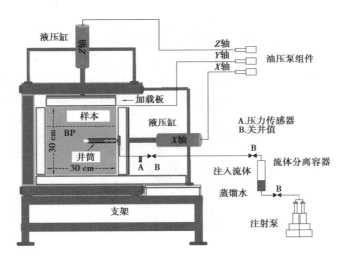

图 5.2　岩石加载系统示意图

5.1.2　试样制备和加载

本次实验的页岩岩石样品取自中国西南部的四川盆地,属于龙马溪组页岩露头,利用线切割技术将岩石加工成 300 mm×300 mm×300 mm 正方体状,如图 5.3 所示,并将其表面打磨平整,共 6 块页岩,见表 5.1,这里只展示了一块样品。在切割和打磨后,在岩样表面中心位置钻孔模拟井眼,然后将模拟井筒放入井眼中,用高强度环氧胶对钢管进行固结。根据 CT 扫描结果可知,该页岩的平均矿物组成为石英 50.6%、黏土 33.4%、碳酸盐 9.8%、黄铁矿 5.7%。

表 5.1　岩样压裂参数

岩样编号	应力状态		
	σ_V/MPa	σ_h/MPa	σ_H/MPa
LMX-1	30	10	15
LMX-2	30	10	15
LMX-3	25	10	15
LMX-4	25	10	15
LMX-5	15	10	15
LMX-6	15	10	15

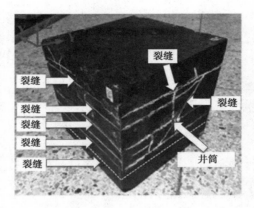

图 5.3　压裂完的岩石样品图[150]

　　岩石加载声发射系统采用三轴压缩加载的方式,模拟四川盆地龙马溪组地下 3 000 m 深度的应力状态,其中水平最小主应力 σ_V 平行于井筒,为 15 MPa;垂直于井筒方向的压力 σ_h 为最大水平主应力,为 30 MPa;垂直应力沿着 Z 轴方向 σ_H,大小为 15 MPa。液压泵注水速率为 20 mL/min,压裂液黏度为 2.5 MPa · s。声发射监测系统为 12 个传感器,采样频率为 3 MHz。

5.1.3　实验步骤

本次实验步骤为:

　　(1)用精密仪器测量三个轴方向上的纵波速度 v_p 为 4.17 km/s。

　　(2)将样品装入压机,连接注液管线,并在该页岩岩石样品的 5 个表面安放带有声发射接收探头的承压板,并且连接声发射采集与系统数据采集线。

　　(3)最小水平主应力和最大水平主应力分别加载在 y 轴方向和 x 轴方向,垂直应力 σ_v 加载在 z 轴方向,在整个压裂过程中,保持设定值不变。

　　(4)开始启动泵压系统,进行压裂实验,持续以恒定压裂液排量由泵压系统向井筒中注入低黏度滑溜水,并同时记录整个过程中的压力随时间变化曲线和声发射信号的波形信息。

　　(5)压裂到岩石破裂(观察到大面积液漏或者水压曲线不再升高),停止泵压和卸载围压。

（6）对压裂完之后的岩石样品,用 CT 仪器进行扫描,分别在垂直于井筒的垂直平面和平行于井筒的水平面作三个切片扫描,间隔大约为 70 mm。

（7）用微地震监测的方法通过记录的声发射信号来定位岩石破裂的位置,并对裂缝拓展过程进行成像研究,通过与 CT 扫描图像进行对比,找出微地震与微裂缝之间的关系。

5.2 声发射数据处理方法

岩石内部注入流体会使岩石发生破坏,产生的成千上万个声发射信号被多个声发射探头接收到,再加上噪声的干扰,很难手动识别和拾取初至;而微地震监测方法是一种有效的处理大量声发射信号的方法,通过在程序中设定检测参数和阈值,就可以对这些数据进行批量化处理,其处理效率高,结果可信。

5.2.1 声发射特征

通过实验得到了液体泵压-声发射率-时间的变化曲线,如图 5.4 所示。从图 5.4 中可以看出,泵压变化带点的线和声发射率带圈的线变化有很好的对应关系:在泵压逐渐升高阶段,声发射率逐渐增大;进入弹性阶段,声发射率很低;当进入塑性区域阶段,泵压的逐渐增大也导致声发射率迅速增大;岩石遭到破坏,大量液体流入岩石空隙,导致泵压下降,声发射率也随之减小;当第二次出现泵压高峰时,声发射率再一次达到峰值;最后随着泵压逐渐减小为零,声发射率也减小到零。

图 5.5(a)是某个声发射传感器记录到的声发射事件的波形图,该波形记录信噪比好,在声发射信号到来时振幅明显变大,随后又衰减至零附近,通过小波分析的方法得到其时频谱,从图 5.5 中可以看到,当信号到来时在时频谱上会有很明显的振幅加强,该信号的频率大部分集中在 50 ~ 100 kHz,传感器的采样频率（3 MHz）远高于信号的 Nyquist 频率;同时我们可以通过这个频率范围把

含有噪声的波形记录给去掉,提高信噪比和定位精度。

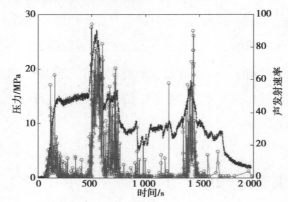

图 5.4　泵压-声发射率随时间变化曲线

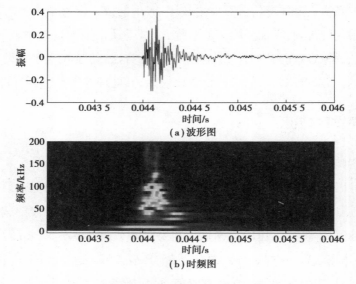

图 5.5　声发射波形的时频谱

5.2.2　**事件扫描与识别**

长短时窗法是识别和拾取声发射事件的有效方法,在单分量波形事件检测中,只需要利用 P 波的参数信息就可以检测声发射事件。在程序中设定好参数,就可以对记录的波形数据进行批量处理,检测出有效声发射信号。图 5.6

是某个声发射事件在传感器(AE01-AE06)记录到的波形,第 5、6 个传感器记录的信号振幅要比其他几个大,说明这个声发射事件距离传感器 5 和 6 的距离要近;竖线表示该信号的初至,这是通过长短时窗法扫描识别得到的,可以看到自动识别的算法很准确。图 5.7 为图 5.6 波形对应的能量包络线,这是经过希尔伯特变换之后得到的,能量值都是正值,在声发射信号没到来之前,能量几乎为零;在声发射信号到来时开始增大,直至顶峰;在声发射信号消失之后就逐渐衰减为零。

　　长短时窗法的原理在第 2 章已经介绍了,其检测事件的步骤为:对原始信号滤波、求取滤波信号的包络线、计算短时窗的能量曲线、计算长时窗的能量曲线、计算长短时窗比的曲线、拾取大于某个阈值的峰值长短时窗比曲线对应的时间信息,如图 5.8 所示。具体参数为:滤波频带为 10 ~ 400 kHz,短时窗为 0.03 ms,长时窗为 0.2 ms,长短时窗比的阈值为 3.0。通过长短时窗计算的能量比的曲线,在高于设定的阈值区域取极值就可以得到声发射波形的初至到时。本次总共检测到 15 624 个声发射事件,大部分都分布在泵压曲线的峰值处,通过对这些扫描到的事件进行处理,可以了解岩石破裂的全过程。

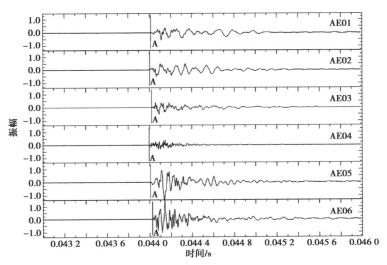

图 5.6　声发射波形记录的示意图(A 表示信号到达的时刻)

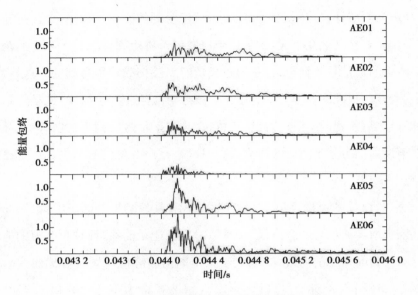

图 5.7　声发射波形记录的包络线

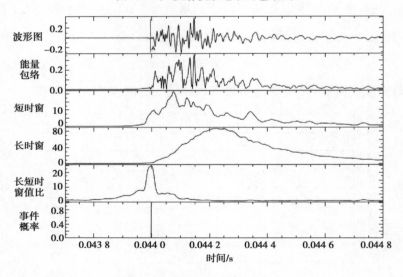

图 5.8　长短时窗能量比法检测事件

5.2.3　常规定位结果

通过对扫描得到的声发射事件进行常规 Geiger 定位,共定位出 15 624 个事

件,对于超出边界的点将它固定在边界上,造成这些位置产生错误的原因可能
是波形数据信噪比太低,导致扫描的走时数据不准确。如图 5.9 所示,黑色粗
线段表示井筒,黑色点是声发射事件的位置,从图上可以看出,大部分事件都发
生在 y 轴的负方向,即井筒的另一端,并且都集中在井筒水平面的上方,这些都
说明岩石发生破裂都集中在井筒另一端的水平面上方,这和随后展示的 CT 扫
描得到的结果一致。去掉边界位置共得到 2 526 个事件,如图 5.10 所示,这些
声发射事件的分布处于井筒的上前方,而在其他地方出现的声发射事件较少,
说明井筒上前方存在原始裂缝,该裂缝与水平面呈约 45°。

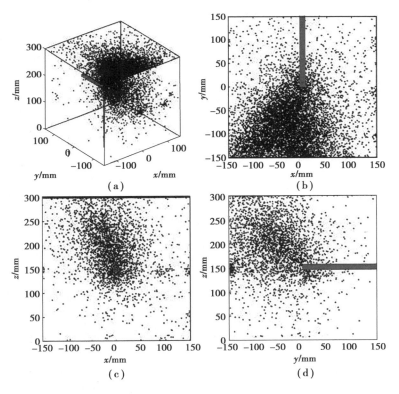

图 5.9　声发射事件定位结果图

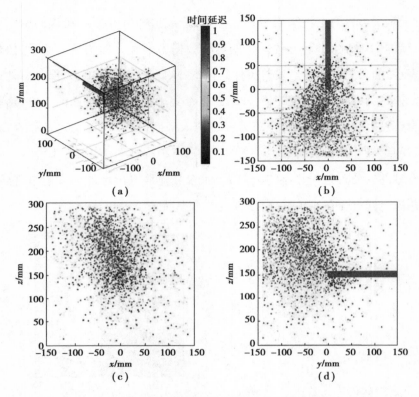

图 5.10 去除边界位置的声发射事件定位结果随时间变化图

5.2.4 双差定位结果

通过 Geiger 法定位的初始结果,可以得到事件对的绝对走时数据,然而有时波形数据信噪比差会导致绝对走时数据误差很大,而通过波形互相关可以有效减小这种误差,把互相关计算得到的事件对相对走时信息加入定位中,可以大大减小定位带来的误差。在计算时,设定的参数为:绝对走时距离加权系数为 0.3 m,互相关数据的距离加权系数为 0.15 m,通过阻尼最小二乘法求解线性方程组,直到事件对的残差最小,得到了 515 个声发射事件,而其他的事件由于不能建立好的连接而自动舍弃,最终的定位结果如图 5.11 所示。

图中集中有三个破坏区域:井筒平面下前方、井筒平面上前方、井筒周围。从颜色分布来看,压裂破坏的先后顺序是,井筒下前方的岩石首先被压裂破坏,然后破裂区域出现在井筒的上前方,在压裂后期,破裂区域集中在井筒周围。其定位残差统计结果如图 5.12 所示,其形态近似正态分布,均值为 0.000 4 ms,方差为 0.012 ms。

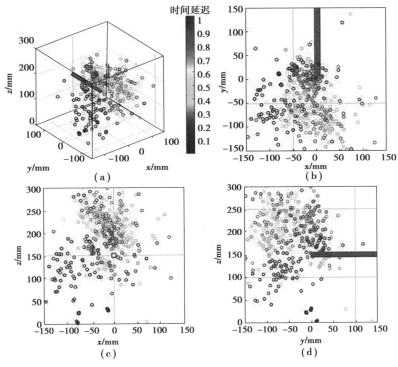

图 5.11　声发射事件双差定位结果随时间变化图

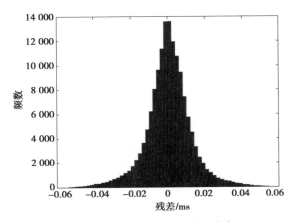

图 5.12　双差定位后的残差分布

5.2.5 定位结果与 CT 对比

为了验证定位结果的正确性,对压裂后的岩石样品进行 CT 扫描,在垂直于 x 轴和 y 轴分别扫描三个切片,其扫描切片示意图如图 5.13 所示,由于声发射事件大部分分布在 x 轴和 y 轴负半周,所以选取切片 147、222、150、208 进行对比分析;双差定位结果的剖面图选取该切片垂直距离为 10 mm 以内的声发射事件。

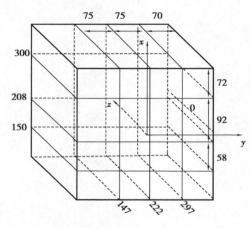

图 5.13　CT 扫描截面位置图

垂直于 y 轴的两个切片 147 和 222 也都垂直于井筒,距离井筒由远及近,从 CT 扫描切片可以看到裂纹数量明显增多,也验证了之前的定位结果,井筒附近的区域受到泵压冲击,破坏比较严重。图 5.14(a)给出了双差定位结果在 $y=-70$ 处的切片投影图,颜色表示压裂破坏发生的先后顺序,圆圈大小表示震级的相对大小;图 5.14(b)实线段表示 CT 扫描的裂纹,对比结果可以看出,双差定位结果的分布有三条平行于井筒的主裂纹和一条从井筒发射出来的 Y 字形的裂纹,都与 CT 扫描图一致,从颜色判断裂纹延展的顺序,井筒周围 Y 字形裂纹先出现,然后拓展到上下平行的三条裂纹。图 5.15 左图给出的双差定位结果图呈树枝状集中分布在井筒正上方,与右图 222CT 图的上部分一致,集中的浅色表明该裂纹是在压裂后期出现的。图中虚线的小圈定位的位置在 CT 扫描图上没有对应的裂缝,推测可能是由于声发射事件震级太小,此外,图中大部分的声发射事件在 z 方向上的位置比 CT 扫描的裂缝偏上,这是水平裂缝的存在导致在 z 轴方向的速度偏慢造成的。

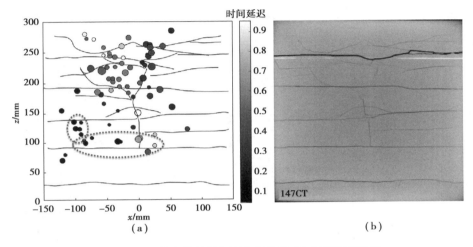

图 5.14　双差定位结果与 147 切片处 CT 扫描的对比图

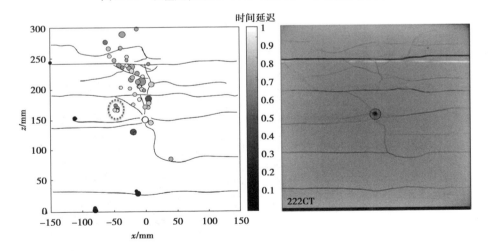

图 5.15　双差定位结果与 222 切片处 CT 扫描的对比图

垂直于 x 轴的两个切片 150 和 208 都平行于井筒,距离井筒由远及近,裂纹大都平行于井筒,从 CT 扫描切片可以看到垂直的裂纹数量明显增多,井筒附近的区域受到泵压冲击,破坏比较严重,会沟通天然裂缝之间的微裂纹。图 5.16 左图的双差定位结果的分布有多条平行于井筒的裂纹,都与右图一致,从颜色判断,裂纹延展的顺序,井筒下前方的裂纹先出现,然后拓展到上前方的裂纹。图 5.17 给出的双差定位结果图出现在井筒上方集中供暖出现,其与 CT 扫描切片的 Z 字形一致对应得很好,表明沟通了天然裂缝,集中的浅色区域表明该裂纹是在压裂后期才出现的。

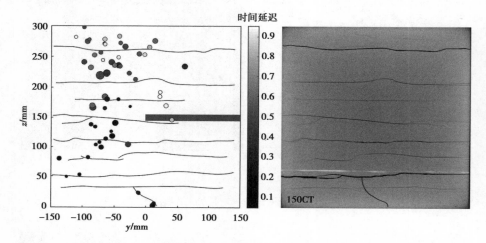

图 5.16　双差定位结果与 150 切片处 CT 扫描的对比图

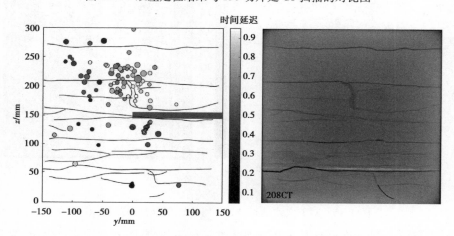

图 5.17　双差定位结果与 208 切片处 CT 扫描的对比图

5.2.6　反投影成像

为了研究裂缝的动态拓展过程,挑选了一个在压裂中后期出现在 xz 剖面左上方的声发射事件,其波形如图 5.18 左图所示,传感器 AE09、AE10、AE11 由于信噪比太低而舍弃,竖线表示自动检测到的初值,波形长度为 0.003 s,主频为 100 kHz,右图对应的能量包络线图,在作能量反投影时利用能量包络线研究裂缝的破裂过程。

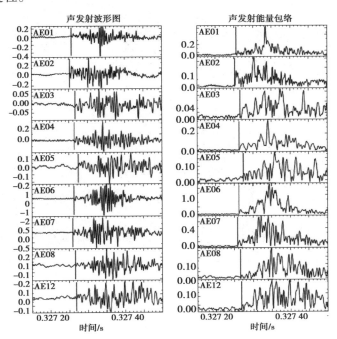

图 5.18　声发射事件的波形记录及其包络线

选取发震时刻起始为 0.327 221 s,滑动时窗为 0.01 ms,滑动时间间隔为 0.001 ms,即从 0.327 221 s 滑动到 0.327 263 s,在每一时刻计算其能量包络线的反投影图,从图 5.19 可以看出,在四个时刻 $T_1 = 0.327\ 228$,$T_2 = 0.327\ 238$,$T_3 = 0.327\ 248$,$T_4 = 0.327\ 258$,裂缝的迁移过程:从左上角向下再向上的破裂趋势;黑色的曲线勾画出其破裂的轨迹,很好地描绘了岩石裂缝的破裂过程,但是这个形态与切片 147 和 222 黑色矩形框的裂纹不太一致,具体地说,图 5.19 的曲线形态相对于切片 147(图 5.20)黑色矩形框的裂纹往右移动了大约 50 mm 的位置,我们推测这是由于层理面的存在,声发射信号传播速度发生变化导致的,即我们计算的声发射信号传播速度偏小,导致裂缝位置向右发生了偏移。

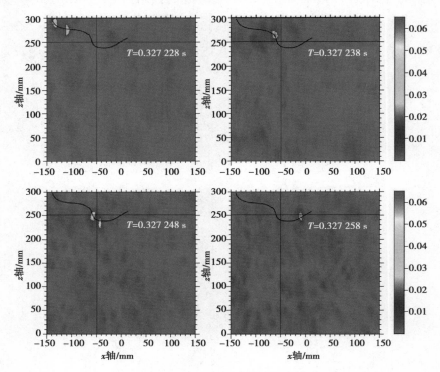

图 5.19　不同时刻反投影能量图

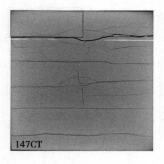

图 5.20　CT 扫描切片图

裂缝从 T_2 到 T_3 时刻的破裂过程可以从图 5.21 看出,位于横线上方的亮色区域在三个时刻逐渐变小,并且向下缓慢移动,从 $T=0.327\ 247$ s 到 $T=0.327\ 248$ s,亮色区域能量明显减弱,在下前方出现新能量点,表明裂缝在发生破裂。图 5.22 展示了从 T_3 到 T_4 时刻裂缝向上迁移的过程,黑竖线左边在三个时刻能量逐渐减弱,而黑竖线右边的点能量逐渐增强,直到在 T_4 时刻达到最大值,表明裂缝完成迁移,破裂发生终止。可以估算这段时间裂缝的破裂速度为 6.7 km/s。

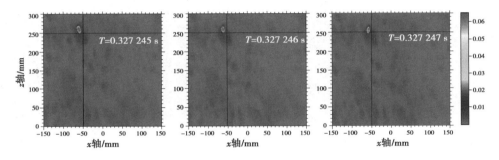

图 5.21 T_2 到 T_3 时刻的动态迁移过程

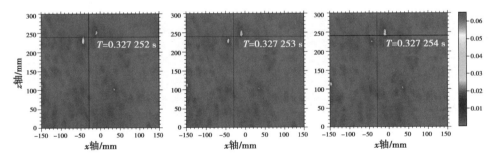

图 5.22 T_3 到 T_4 时刻的动态迁移过程

5.3 本章小结

本章研究了声发射信号的特征。声发射率变化与泵压变化一致,即泵压增大,声发射率升高,泵压减小,声发射率降低;声发射率最大的时刻对应的岩石破裂最剧烈;声发射事件的频带范围为 50 ~ 100 kHz。

常规 Geiger 定位图可以描绘出岩石破裂的区域,但声发射事件位置分布杂乱,无法得到裂缝形态的信息;双差定位法可以获得裂缝的形态信息,通过与 CT 扫描切片进行对比,验证了该定位算法的正确性,压裂引起岩样的速度发生变化导致垂直于裂缝方向定位位置会出现偏离和发散,震级小的声发射事件不能与 CT 扫描图对应一致。

能量反投影可以勾勒出微观岩石裂缝破裂的动态迁移过程,并且可以估算出其破裂的速度;反投影法得到的裂缝形态与 CT 裂缝有一定的偏离,这是裂缝的出现导致实际传播速度变小造成的。

第6章 水力压裂微地震裂缝监测研究

在水力压裂过程中,裂缝周围的薄弱层理面的稳定性受到影响,发生剪切滑动,并辐射出频率较高的弹性波,这些信号被精密仪器接收到,通过分析这些微地震信号,用微地震的方法获取震源破裂的时空位置及其变化趋势,就可以得到裂缝的方位、长度、大小等信息,从而更好地指导实际压裂生产。本章主要介绍两种方法来研究水力压裂过程中裂缝的形态和拓展过程。

6.1 地质概况及台站监测

6.1.1 地质概况

四川省威远县位于四川盆地中南部,地理坐标位于东经 $104°16' \sim 104°53'$,北纬 $29°22' \sim 29°47'$,东邻内江市区,南连自贡市大安区和贡井区,西接自贡市容县,北衔资中县,西北与眉山市乐山市接壤,如图 6.1 所示。

威远县是我国页岩气主产区,构造位置处于川西南低缓断褶带边缘,发育于海相的烃源岩分布在筇竹寺组和龙马溪组,其中,页岩和粉砂岩等富含页岩气,并且储量丰富、产气稳定、脆性指数高,具有易于勘探开发的优点。该区块内钻探了威远 202、204 等井,探明油气储量为 $321.63×10^8 \ m^3$,技术可以开采储量为 $78.16×10^8 \ m^3$。

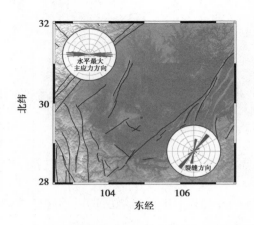

图 6.1　工区地形图

威远地区水平最大主应力方向近东西向,以往资料研究显示,该地区裂缝发育,存在较多的垂直和水平的天然裂缝,且该地区的垂直裂缝方位为东北-西南走向,与该地区的断层(图 6.1 灰色线条)走向平行。

6.1.2　监测方式

本次威远压裂水平井是一口评价井,用于评价龙马溪组页岩气水平井产能。完钻井深 4 850 m,水平段长度约 1 500 m。水力压裂施工分为 19 段,段间距为 80 m。压裂液采用滑溜水+线性胶,主要采用滑溜水体系,每段尾追加一定量的线性胶。支撑剂选用 100 目粉陶+40/70 目陶粒组合。压裂时间从 2014 年 10 月 29 号开始,到 2014 年 11 月 10 号结束。

本次监测共布置 5 种观测方式,这里只介绍两种常规的监测方式:地表宽频带和深井监测,其平面位置如图 6.2 所示。宽频地震台阵(黑色三角形)由 12 套 CMG-3T 宽频地震计和 10 套 CMG-40T 短周期地震计,共 22 个流动地震台站,采样率为 1 000 Hz,连续记录方式;深井监测(黑色三角形)共使用 20 级检波器,级间距为 15 m,每级检波器间使用级间电缆连接,检波器沉放深度为 2 950 ~ 2 665 m(实际施工过程中,出于卡井等原因,没有下到设计深度),采样率为 0.5 ms(2 000 Hz),共记录了连续 13 天的数据。

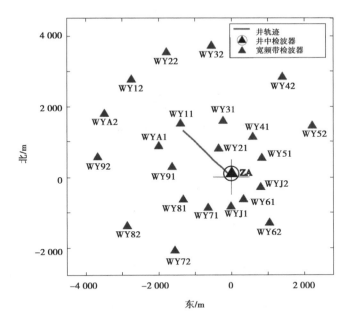

图 6.2　微地震台站分布图（地表和井中）

6.2　数据处理流程

1）井中方位角旋转

微地震作为一种有效的监测储层改造的手段，被广泛应用于页岩气的开发中。由于地表台站距离压裂位置较远，有效信号微弱，再加上地表的噪声影响，井中三分量勘探成为一种直接有效的监测方法。但是，井中普遍存在检波器垂直分量沿着井轨迹方向（偏离铅垂方向），并且每个检波器都是随机取向的，因此在室内资料处理中，需要采取有效的方法对三分量数据进行校正，从而确保井中微地震事件定位的准确性。

检波器校正的前提条件是假设地层各向同性，射线路径在水平方向不会发生弯曲，通过拟合观测方位角和偏振角，可以建立两个坐标系之间的关系（井中检波器坐标和大地坐标系）。如图6.3（a）所示为第18个检波器记录的三分量射孔信号，选取P波初动附近一个周期的XY分量数据进行偏振分析，得到右图黑色箭头为偏振角，在联合检波器的深度、z轴方位信息，通过式（2.11）可以计算出旋转矩阵；然后将计算得到的旋转矩阵对该三分量数据进行检波器校正，就可以得到大地坐标系下的三分量波形，使得偏振角和观测方位角重合，如图6.3（b）所示，其中灰色的箭头为观测方位角，即射孔信号到检波器连线方向。

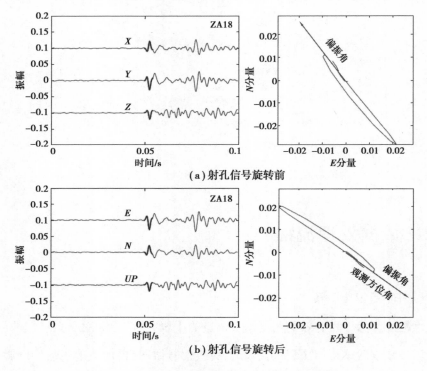

图6.3　井下射孔信号作检波器校正前后的波形图

图6.4为第十九段第二个射孔信号的三分量波形，振幅信息都经过归一化，可以看出X和Y分量的P波初至震相杂乱无章，有的为正有的为负，反映了检波器在井筒中杂乱无序排列的结果；应用检波器旋转校正方法，通过计算得到的旋转矩阵对该射孔信号进行检波器校正得到图6.5，图6.5中E、N、Z三个分量波形的初至震相变化都是一致的，每个分量的波形初至极性都一样，检波器

坐标系都一致,说明检波器校正结果正确。这里需要注意的是,偏振分析的时窗一般选择初至之后一个周期内的波形数据,因为这个周期内包含 P 波的主要信息,而后至波存在反射波、散射波等,会对最终的结果产生较大误差。

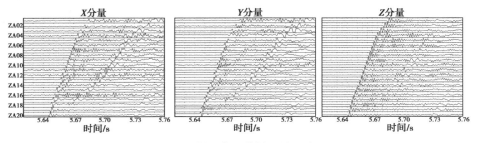

图 6.4 射孔信号旋转之前的波形

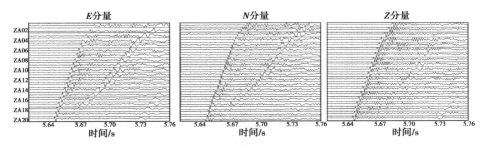

图 6.5 射孔信号旋转之后的波形

2)微地震信号频谱分析

噪声干扰是事件处理过程中不可避免的,实际记录的波形会包含很多噪声,利用时频谱分析可以得到有效信号的频带范围,从而更好地设置滤波参数。随机挑选了一个信噪比较高的事件,该事件同时被地表宽频带和深井检波器记录到。为了研究两种观测方式记录到微地震事件的差异,分别研究了 E 分量和 Z 分量的波形信息。通过小波变换获得了两个台站记录 Z 分量的时频图[图 6.6(a) 和图 6.7(a)],由于两个台站记录的波形的发震时刻一样,距离远的台站 WY21 接收到的微地震信号要延迟 1 s 左右,这是传播距离造成的;从时频图 [图 6.6(b)和 6.7(b)]可以看出,深井的频率要比地表高很多,分布范围为 20~150 Hz,而地表信号的频带为 10 Hz 左右,这是由于微地震事件在地表接收所经过的路径要比井下接收短,根据波形球面扩散效应,信号在远距离传播时高频信号会发生衰减,低频信号得以保留,所以可以看到在波形上,深井信号持续时间短,地表信号持续时间长。这种现象也很好地解释了地表探测的微地震事件要比深井少很多,由于微弱的信号在传播过程中发生衰减,达到地表时就振幅与噪声差不多,因此无法探测到这类微地震事件。

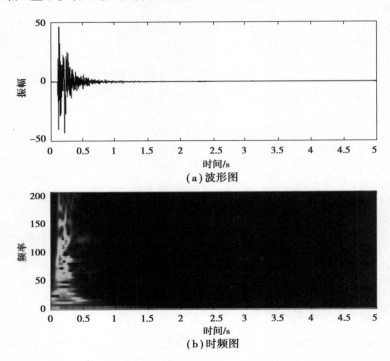

图 6.6　深井 ZA20 记录波形 Z 分量的时频图

3)事件初至拾取

由于 S 波的偏振特性,S 波振幅在 Z 分量上很小,需要利用检波器的水平分量来检测 S 波信号。不同于单分量信号的检测,三分量需要考虑 P 波和 S 波的时差,不同距离的震源位置到检波器的 PS 波走时差有很大差别,所以参数设置尤为重要。图 6.8 给出了改进的长短时窗法检测三分量信号,由于 S 波频率低,在选择长短时窗时要比 P 波长一些,具体根据对于震相的主频决定;P 波能量比的阈值要比 S 波能量比的阈值高,因为 S 波在计算能量比时在长时窗里面会包含很多 P 波的能量。在对第十九段数据处理时,设置的参数是,P 波时窗

0.02 s,S 波时窗 0.03 s,PS 波走时差的范围设置为 0.2 ~ 1.0 s。

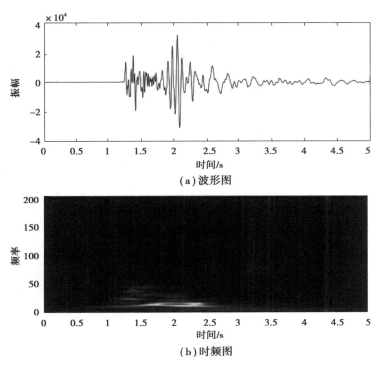

（a）波形图

（b）时频图

图 6.7 地表 WY21 台站记录波形 Z 分量的时频图

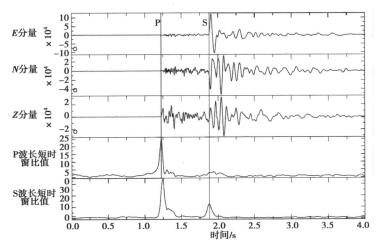

图 6.8 长短时窗法检测三分量微地震事件的原理图

4)速度建模

常规的速度建模方法需要知道 P 波和 S 波的旅行时间,然而由于无法准确知道射孔的发震时刻,因此我们采用模拟退火算法的速度模型反演方法来同时反演射孔的发震时刻和速度模型。该方法以实际射孔初至时间曲线(减去发震时刻后)与理论速度模型对应的旅行时间曲线的时差平方和为目标函数,然后利用模拟退火算法计算其极小值。

手动拾取第十九段射孔信号的 P 波和 S 波信号的走时作为观测数据,拟合得到最优速度模型,如图 6.9 所示,黑色圆圈为第十九段射孔位置,折实线表示拟合速度模型,灰色曲线为对应的速度测井曲线,可以看出,拟合的曲线值比时间测量的曲线小,这是由于声波测井是采用的高频信息,根据频散曲线特性可知,实际 P、S 波的频率比超声波小,测量的速度值也会偏小。本章主要研究这段射孔的水力压裂产生的微地震事件,对深井采用这段速度模型进行定位,对地表采用爆破信号得到的速度模型进行相对定位。

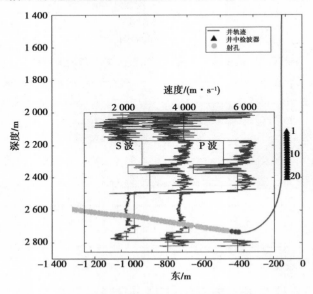

图 6.9 速度模型校正及井轨迹剖面图

6.3　第十九段数据处理结果

6.3.1　双差定位结果

由于地表到井下的距离很大,采用爆破信号校正出来的速度模型不准确,会对定位结果产生很大影响。在这里采用主事件法进行定位,主事件的选取采用深井的检波器记录到的高信噪比信号,对 P 波和 S 波走时精确拾取,再加上水平方位角信息,根据图 6.9 所校正的速度模型就可以比较准确定位出主事件的位置,主事件发生在第十九段压裂初期;同时在该时间段可以观测到地表宽频带记录到这个事件,拾取这个事件在地表台站的走时信息作为主事件定位法的先验信息;然后通过 STA/LTA 法检测到地表台站在第十九段压裂期间产生了 91 个微地震事件。主事件定位法可以观测到微地震事件分布于压裂水平井段首末两端,图 6.12 中黑色的点给出了在第一压裂阶段的定位结果,其位置的分布呈北东–西南走向,与深井该段位置的微地震位置一致(图 6.19)。

为了研究裂缝的形状、方位信息,需要获得微地震事件精确的相对位置信息,双差定位可以减小速度模型的影响,提供微震源的相对位置信息。本次双差定位(DD 方法)的事件选择在第十九段射孔位置附近区域(图 6.12),共 45 个微地震高信噪比的事件(低信噪比的事件影响地震定位和裂缝解释),初始位置都是根据主事件法定位得到的。在图 6.10 中,地表台站 WY51 记录到 4 个相似的微地震事件,分布画出了 Z 分量的 P 波和 E 分量的 S 波;在作互相关时,P 波的长度选为 0.2 s,S 波长度选为 0.3 s;图 6.11 是 45 个事件在同一台站两两互相关个数与事件对之间的关系,这些互相关值都大于 0.5,从图中可以看出,互相关次数集中在 100 m 左右的事件对之间。

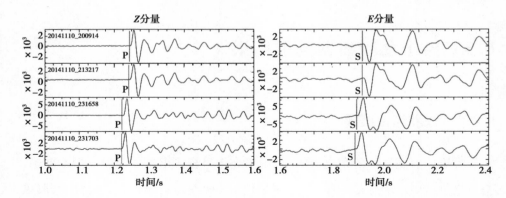

图 6.10　地表台站记录到四个事件的相似波形(左图是 P 波,右图是 S 波)

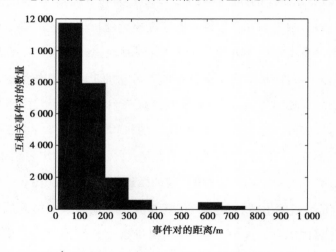

图 6.11　互相关在不同事件距离的分布直方图

图 6.12 给出了三种定位结果图,黑色点表示主事件法的结果,相比于双差定位结果(加号和星号),不仅在平面而且在剖面上要发散一些;两种数据(ct 数据和 cc 数据)得到双差定位结果都很好地指示了裂缝的形态和破裂方位,加号的双差定位结果只利用了地震目录数据(ct 数据),而星号的结果增加了互相关数据(cc 数据),这使得定位结果在深度上更紧凑,出现两个集中的 cluster,显示了该区域局部精细的机构信息。根据实验室微地震与微裂缝关系,垂直于裂缝方向的定位结果呈发散形状,裂缝方位呈东北-西南走向。根据微地震与微裂缝的关系,2 700 m 深度的微地震事件的定位误差为:90 m。

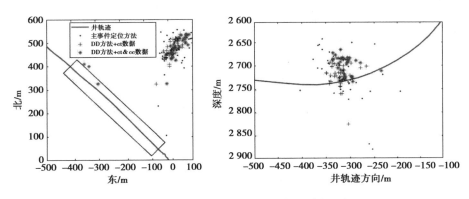

图 6.12　三种定位结果的平面图和剖面图

图 6.13 给出了台站 WY51 记录到的事件对的互相关系数与距离之间的关系,在双差定位前(左图),互相关系数分布不仅发散;在双差定位之后,微地震事件的相对位置发生改变,使得这些事件对的距离都集中在 100 m 以内,说明双差定位有效约束了微地震事件的相对位置;图 6.14 给出了互相关数据的误差信息,互相关数据的定位误差随着事件对的距离增大而变大,并且 S 波互相关数据的定位误差要比 P 波大,这是由于 S 波作互相关包含了一部分 P 波信息,导致互相关系数整体偏小,在计算加权系数时相对 P 波要小,残差加权系数就变小(小于1),所以 S 波残差要比 P 波大。

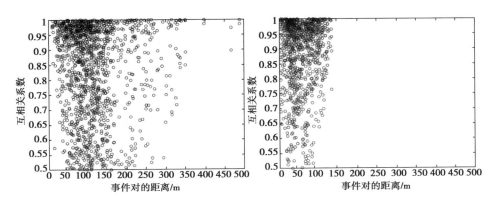

图 6.13　互相关系数随事件对之间的距离变化

(左图是双差定位之前,右图是双差定位之后)

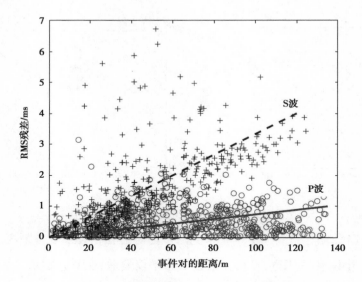

图 6.14　互相关数据的残差随事件对距离的变化

6.3.2　裂缝破裂过程

深井监测具有比地表台站探测能力强的优点,是目前水力压裂监测的一种常规手段。常规的微地震信号监测的方法如:基于波形相似性的模板匹配法、基于相对走时信息的双差层析法,但是这些方法都把微地震事件当作点源处理,实际地层破裂是连续发生的,伴随着一系列的子波波形叠加。根据声发射实验结果,反投影方法实际是利用多个子波叠加的信息,这里我们利用子波波包的信息,进行微地震事件重定位来研究裂缝破裂的方向。

图 6.15 给出了两种类型的深井微地震信号,简单的波形我们可以把它当作点源处理,而复杂的波形我们可以看到在 P 波和 S 波初至的地方对应多个波包,这些波包是岩石发生连续滑动产生多个子事件叠加的结果,通过识别这些子事件的位置,就可以得到岩石破裂的方向信息。图 6.16 是一个断层面两个破裂区域滑动的示意图,正常一个点源产生破裂,会形成一个脉冲,但是如果存在两个点源并且破裂区域发生顺序很短,其产生的微地震信号会在观测台站处产生叠加,产生类似于图 6.15(b)所示的波包。

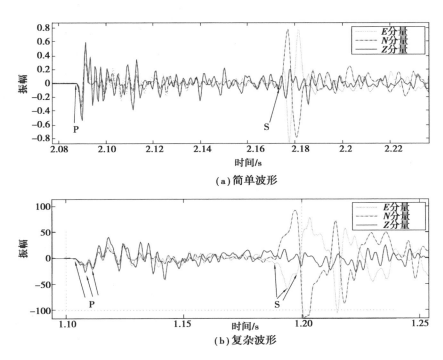

图 6.15　深井检波器记录到的两种波形图

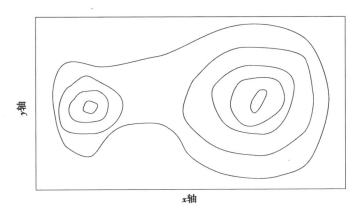

图 6.16　断层面破裂示意图

在第十九段压裂期间,深井检波器共记录到 386 个高信噪比的微地震信号,通过拾取 P 波和 S 波初至,采用如图 6.9 所示的校正的速度模型,得到这些事件的平面分布[图 6.19(a)]。从这些事件挑选出了 9 个具有明显子波波包的微地震事件,如图 6.19(a)所示的五角星,我们主要研究这些包含子波波包微地震事件的破裂过程,其主要包含以下 3 个步骤。

(1)子事件的识别。虽然多个子波叠加在一起不好区分,但是可以通过 P波和 S 波初至的波包峰值来识别,如图 6.17 所示展示了某个微地震事件的在 5个台站记录的两个子事件的波形图。

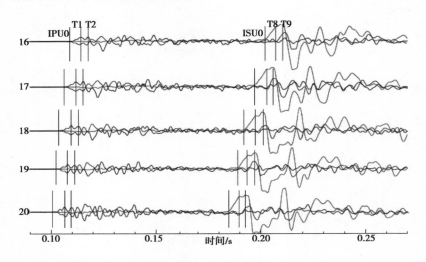

图 6.17　复杂波形走时拾取图例

(2)基于方位角约束的事件定位。对每个子波波包的水平分量,选取适当的时窗作偏振分析,如图 6.18 所示,然后结合对应的走时信息,得到各个子事件的位置分布。

(3)破裂方向确定。对于两个子事件可以将先发生的事件与后发生的事件连成线,从而确定了破裂方向;对于多个子事件,可以确定一个平面内断层滑动方向。

图 6.19(b)是通过子事件法得到的结果图,黑色箭头是根据图 6.19(a)常规定位得到的微地震事件的时空分布而画出的裂缝破裂方向,五角星表示利用该微地震事件的初至走时得到的位置,黑色点和灰色点分别表示两个子事件先后发生的位置,通过连接这两个子事件点的先后位置,可以指示出该点的破裂

方向。从图中可以看出,在压裂过程中,微地震事件从射孔位置向外扩散延伸,这与子事件法分析得到的结果一致;在停止压裂后,压裂液回流,微地震事件迁移方向从东北方向向井筒移动,而子事件分析法也给出了同样的结果。根据分辨率准则,可分辨子事件的最小距离为:$d = 1/f × 0.5 × v_p = 20$ m。

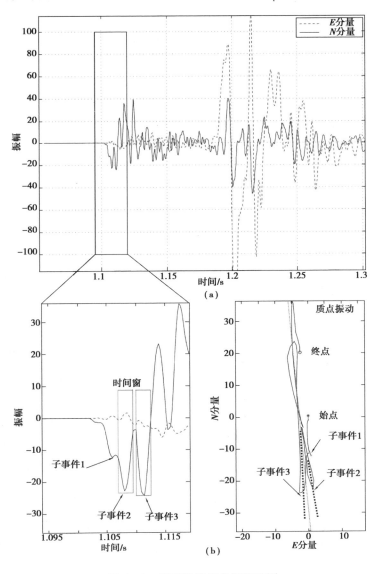

图 6.18 子事件偏振分析原理图

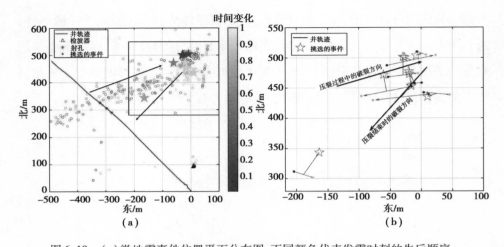

图 6.19　(a)微地震事件位置平面分布图,不同颜色代表发震时刻的先后顺序;

(b)选取(a)图五角星事件应用子事件法分析裂缝破裂方向,图中黑色箭头表示裂缝破裂方向

6.4　压裂前后各向异性变化

6.4.1　数据和方法

　　裂缝和孔隙在野外岩层广泛存在,由于它们能显著影响岩石的体积模量,所以对油藏储层的改造至关重要。因此,了解和研究岩石裂缝的密度和形态信息,以及在储层岩石中的充填情况有助于石油勘探。四川盆地威远地区的目标层位具有丰富的有机质含量,储量丰富;该地区发育多条天然裂缝和走滑断层,断层走向为 N40°~60°E。为了研究该地区各向异性性质,利用地表浅井的 12 个检波器(图 6.20)记录的 13 天连续波形数据,检波器深度从地下 15 m 到地下 180 m,间隔为 15 m,数据的采样频率为 2 000 Hz,采用地震干涉测量法对该微地震数据进行处理,通过叠加每天的互相关函数,提取沿着垂直方向上传播的 P 波和 S 波的信息。

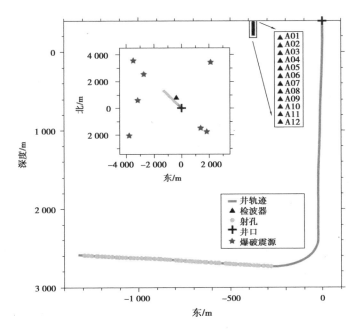

图 6.20　水力压裂施工井和浅层监测井示意图(黑色三角形代表浅井检波器,黑色星星显示地表爆破的位置;沿着施工井的 1 900 m 长水平部分的 19 个处理阶段的射孔由绿点标记)

背景噪声的互相关函数在频率域可以表示为:

$$C_{kl}(\omega) = v_k(\omega) v_l^*(\omega) \tag{6.1}$$

这里,$v_k(\omega)$ 和 $v_l(\omega)$ 分别为检波器 k 和 l 的频率域地震记录,ω 是角频率, $*$ 表示复数的共轭。当介质是弹性的并且噪声源非相关,我们可以提取出格林函数:

$$G_{k,l}^v + G_{l,k}^v = \frac{2}{|S(\omega)|^2} \langle C_{kl}(\omega) \rangle \tag{6.2}$$

这里,$G_{k,l}^v$ 是检波器 k 和 l 之间传播速度的格林函数,$S(\omega)$ 是背景噪声的功率谱,$\langle C_{kl}(\omega) \rangle$ 表示 $C_{kl}(\omega)$ 的平均值。

为了提取垂直传播的 P 波和 S 波,把每天的数据分割成 10 分钟一段,并在目标频段(0.5~50 Hz)作谱白化处理,然后叠加三分量检波器对的 CCFT(互相关函数张量)分量。CCFT 在地理坐标系 E-N-Z 下是一个 3×3 张量,其表达式为:

$$[G_{ij}(t)]_{kl} = \frac{\int_0^{\tau_0} v_{ik}(t) v_{jl}(\tau + t) d\tau}{\sqrt{\left(\sum_{i=1}^{3} \int_0^{\tau_0} v_{ik}^2(\tau) d\tau \right) \left(\sum_{j=1}^{3} \int_0^{\tau_0} v_{jl}^2(\tau) d\tau \right)}} \quad (6.3)$$

这里,$k,l = \{1,2,3,\cdots\}$ 表示检波器的标号,$i,j = \{E,N,Z\}$ 表示检波器记录的三个分量,τ_0 表示地震道的持续时间。检波器校正对各向异性的计算很重要,通过压裂施工前地表爆破信号(图 6.20 黑色星形)对检波器方位角进行校正,使爆破信号–检波器的射线方位角与检波器 P 波极化角重合。

6.4.2 处理结果

首先,提取浅井垂直传播的 P 波速度信息。我们在方程(6.3)中取 $i,j = \{Z\}$,计算 CCFT 的垂直分量。图 6.21 给出了某两天的叠加数据 G_{ZZ},分别为 2014 年 10 月 30 日[图 6.21(a)和(b)]和 2014 年 11 月 8 日[图 6.21(c)和(d)]。这里 G_{ZZ} 分量计算的是分别以顶层检波器[图 6.21(a)和(c)]和底层检波器[图 6.21(b)和(d)]的 Z 分量波形为参考波形作互相关,并通过频带为 2～8 Hz 滤波之后叠加的结果。从图中可以看出,下行 P 波和上行 P 波振幅随着传播距离增大逐渐衰减,通过拾取 P 波互相关数据的最大振幅,得到 P 波在各个台站传播的相对时间,通过最小二乘拟合得到 P 波的传播速度为 3 300 m/s。

然后,提取垂直传播的 S 波偏振信息。我们在方程(6.3)中取 $i,j = \{E,N\}$,计算检波器 A12 和 A02 之间 CCFT 的水平分量[图 6.21(a)和(b),G_{EE},G_{EN},G_{NE},G_{NN}],分别为 2014 年 10 月 10 号[图 6.22(a)和(c)]和 2014 年 11 月 8 日[图 6.22(b)和(d)]。滤波频率范围在 2～8 Hz,从图 6.22 中(a)和(b)可以清晰看出 S 波在 4 个分量上的不同变化,说明 S 波在不同偏振方向的传播速度不同,这表明存在地震方向各向异性。

为了定量计算出 S 波各向异性,我们沿着 S 波不同偏振方向(θ)对 CCFT 的 4 个分量作旋转:

$$G_{\theta\theta} = G_{NN}\cos\theta\cos\theta + G_{EN}\sin\theta\cos\theta + G_{NE}\cos\theta\sin\theta + G_{EE}\sin\theta\sin\theta \quad (6.4)$$

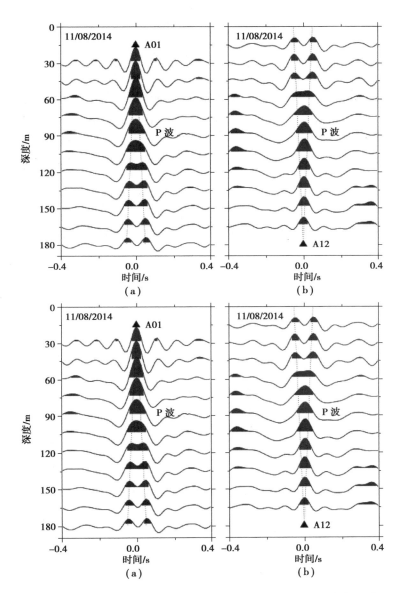

图 6.21　（a）CCFTs 的 G_{zz} 单元根据 11 个地震检波器（A02–A12）的垂直记录，以 2014 年

10 月 30 日的 A01 垂直记录为参照计算得出。显示在顶部的后三角表示参考检波器为 A01。

虚线表示上下传播的 P 波；（b）与（a）类似，区别在于底部检波器 A12 用作参考检波器；

（c）和（d）与（a）和（b）相同，但记录日期为 2014 年 11 月 8 日在图 6.22(c)和(d)中,可以看到 S 波的传播时间[图 6.22(c)和(d)虚线]随着不同偏振方向而呈 180°周期的余弦变化,这些特点表明该区域存在各向异性。从[图 6.22(c)和(d)]中可以大致估算出 S 波的快波方向分别为 N40°E 和 N60°E。通过拾取这两天 S 波走时数据的最大值,再根据两个检波器的距离,可以分别得到这两天 S 波的速度随着偏振角变化的曲线,如图 6.23 所示。这一现象可以用水平方向各向异性(HTI)来解释,这里采用 Thomsen 的各向异性参数拟合观测数据:

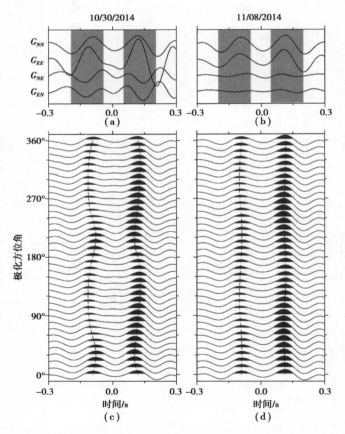

图 6.22　(a)和(b)分别显示了 2014 年 10 月 30 日和 2014 年 8 月 11 日由检波器对 A02-A12 的水平分量记录的数据计算的 CCFT 的四个分量,阴影区域表示 S 波的到时;(c)和(d)显示了在 A02 和 A12 之间垂直传播的 S 波作为分别在 2014 年 10 月 30 日和 11 月 8 日记录的数据计算的极化方位角的函数,阴影区域表示 S 波的到时

$$V_s(\theta) = \beta_0 [1 + \gamma \ \sin^2(\theta - \phi)] \tag{6.5}$$

这里 ϕ 表示 HTI 介质对称轴的方位角，β_0 表示 S 波沿着对称轴传播的速度。所以快波偏振方向应该为 $\phi_f = \phi - 90°$，γ 表示 SH 波各向异性强度。采用最小平方回归，得到各向异性参数在 10 月 30 号为 $\beta_0 = 1\ 140$ m/s，$\gamma = 0.253$；在 11 月 8 号为 $\beta_0 = 1\ 287$ m/s，$\gamma = 0.087$，如图 6.23 所示。

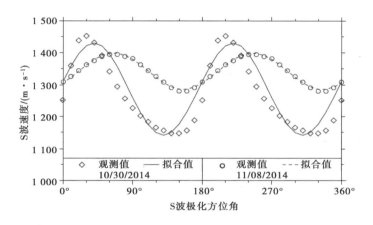

图 6.23　在不同极化方位角观测到的 S 波速度的最小二乘拟合。圆圈和菱形表示从图 6.22 所示波形获得的每个极化方位角处的 S 波速度

最后，计算 S 波各向异性随时间变化。图 6.24 给出了测量的各向异性参数 β_0，γ 和 S 波快波方位角 ϕ_f 随着时间变化曲线。对于每一个偏振角度，计算浅井检波器 A01，A02 与 A11，A12 之间的四组 CCFT 数据。测量的各向异性参数 β_0，γ 和 ϕ_f 在图 6.24 圆圈展示出来了。选择四对检波器（A01-A11，A01-A12，A02-A11，A02-A12）是因为 S 波远距离传播能够得到精确测量结果。在近两周的水力压裂施工过程中，慢 S 波 β_0 速度在开始三个压裂阶段很稳定，到 11 月 1 号以后逐渐增加，在 11 月 7 号达到最大值，并在随后两天保持不变，在 11 月 10 号（压裂结束）迅速减小到压裂之前的水平［图 6.24（a）］。而 S 波各向异性强度 γ 的变化随时间变化趋势刚好与 β_0 的变化趋势相反［图 6.24（b）］。我们也观测到在压裂中期出现了快波方向发生变化现象，在第 8 压裂段压裂（11 月 4 号）前后的快波方向从 N45°E 变为 N70°E。

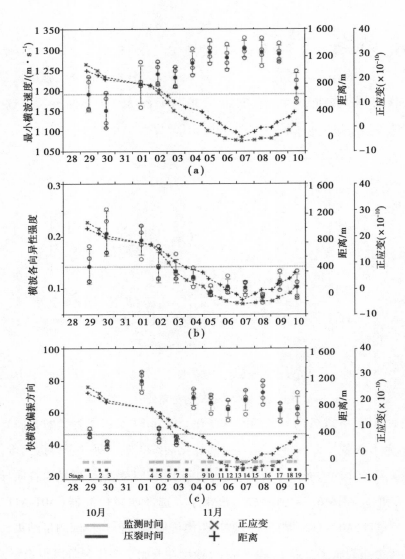

图 6.24　测量的(a)最小横波速度 β_0，(b)横波各向异性强度 γ 和(c)快横波偏振方向在水力压裂施工 13 天期间的时间变化。空心灰色圆圈表示从钻孔中最高两个检波器（A01 和 A02）和最低两个检波器（A11 和 A12）之间的互相关函数得到的观测值。实心点和误差线显示四次测量的平均值和标准偏差。加号线代表监测井和与 19 个压裂阶段相关的假想拉伸裂缝之间的水平距离，而交叉"线"则代表拉伸裂缝引起的正应变变化

6.4.3　分析解释

通常,两种物理机制可以解释在浅地壳中观测到的地震方位各向异性。首先是响应于地应力场的裂缝优先闭合,这导致快横波方向平行于最大压应力方向。第二个是天然裂缝的排列,这导致快 S 波方向几乎平行于裂缝方向。在这次研究中,由垂向传播的 S 波推断出的快波极化方向在 N40°~70°E 内,通常与微震监测研究所观察到的天然裂缝走向平行[图 6.25(a)]。该裂缝走向方位可以通过高电导率测井数据得到验证[图 6.25(a)右下黑色线条]。另外,该区域水平最大压应力呈东-西向[图 6.25(a)左上黑色线条],与观测到的快波方向不同。我们认为,产生这种物理机制的原因是天然裂缝的定向排列。这种快波方向平行于断层走向而不平行于最大压应力方向的研究被其他学者在研究大断层各向异性时观测到。

我们观察到水力压裂过程中最小横波速度和地震各向异性强度存在明显的时间变化(图 6.24)。如前所述,浅层深度的地震各向异性被认为是由原应力场控制的裂缝排列造成的。应力大小或孔隙压力的变化会影响裂缝密度和纵横比,从而影响宏观地震各向异性。因此,这里观察到的地震各向异性变化也可能是由流体注入深地层时引起的应力/应变变化引起裂缝开放或闭合引起的。为了评估与压裂施工有关的静态应力是否变化可能是我们研究的原因,基于 Okada 的模型,我们计算了由弹性半空间中的矩形拉伸断裂引起的应变变化[图 6.25(b)]。我们假设在水力压裂过程中每个阶段都产生一个垂直裂缝。一个简单的模型是通过在均匀的半空间中地下 3 000 m 处构造合成的垂直裂缝。裂缝长 400 m,宽 100 m,拉张错位 0.02 m。图 6.25(b)显示了地下 1 000 m 以内的拉张应变和法向应变的变化。裂缝上方的近表面区域处于压缩状态(负应变变化)。压缩区域的深度约为 200 m,区域宽度约为 900 m。随着到裂缝的水平距离的增加,正应变逐渐减小,最终过渡到拉张应变(正应变变化)。

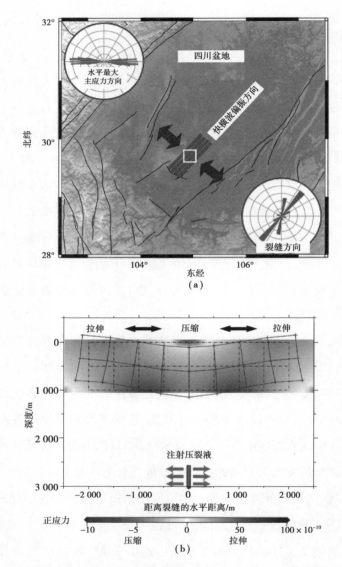

（a）

（b）

图 6.25 （a）中国西南地区的四川盆地及其周边地区的地形图。白色方块表示页岩区块，黑线代表该地区的断层。黑色平行线条表示快 S 波偏振方向，而两个双向箭头表示主拉伸应变方向。左上角和右下角的插图分别显示了从测井数据中获得的最大压应力和天然裂缝的方向；（b）沿着水平井（NW—SE 方向）的假想深度剖面，显示了 Okada 半空间模型计算的位于 2 500 m 深处顶部 1 km 深度范围内垂直拉伸裂缝的法向应变场。灰色实体网格表示黑色虚线网格变形后的示意图。下方平行的箭头表示通过水力压裂打开的拉伸裂缝

　　我们进一步计算从监测井到与 19 个压裂阶段的合成垂直裂缝的距离。我们假设与每个阶段相关的垂直裂缝位于穿过 N45°E 走向的射孔处,这与 S 波的快波方向和四川盆地内天然裂缝的方向几乎平行。根据相对于井口破裂的水平偏移量(图 6.24 中的加号)计算每个压裂阶段的流体注入引起的监测井处的正应变变化。计算与所有压裂阶段相关监测井的正应变变化绘制在图 6.24 中(交叉线),其显示结果与观测到的 S 波速度 β_0 和 S 波各向异性强度 γ 之间具有良好相关性。S 波速度 β_0 增加,而近地表处的法向应变变化减小(从拉张到压缩),并且随着 β_0 减小,而近地表处的法向应变变化(从压缩到拉张)增加。S 波各向异性强度 γ 减小,而近地表处的法向应变变小,反之亦然。

　　快 S 波方向随压裂时间而变化,但与计算的正常应变变化没有明显的相关性。在水力压裂操作的早期阶段(从 10 月 28 日至 11 月 3 日),快波极化方向为 N40°~50°E,而在后期(11 月 4 日之后),快波极化方向切换到 N60°~70°E。这可能与新张开深裂缝的水平偏移和应变变化值有关。我们注意到,监测井位于离这些深部裂缝 500 m 的水平偏移范围内,当观测到相对较大的快波偏振方向(N60°~70°E)时,监测井位于第二阶段的压缩应力域。另外,第 1 压裂段具有快速极化方向 N40°~50°E,此时地表监测井离该压裂段较远,可能处于拉伸应力状态。因此观察到的快波偏振方向的突然变化可能与应力状态的变化有关。11 月 1 日没有数据是一个例外,因为那一天没有进行水力压裂。

　　我们的模型假设断裂的岩石是各向同性的弹性介质中插入一组对齐的垂直裂缝。断裂的闭合/张开会增加/减少垂直于裂缝的垂直传播 S 波的速度,但对偏振方向与裂缝平行的 S 波速度影响较小。因此,由这些裂缝定向排列引起的地震各向异性可能会相应地减少/增加[图 6.24(b)]。

6.5　本章小结

　　通过对实际水力压裂数据第十九段数据进行了处理,包括信号去噪、检波器校正、事件检测等,主要得到如下认识。

(1)通过两种观测方式研究发现,考虑到成本问题,深井一般都是单井监测,台站数量少;而地表布设相对简单,采用覆盖性的方式监测。联合井中和地表监测能够相互验证,对实际压裂有很好指导意义。

(2)深井观测与地表观测的微地震信号波形及频谱有很大区别。深井地震波频谱很宽,为 20 ~ 150 Hz,时频谱能量强;地表台站的地震波频谱很窄,为 5 ~ 30 Hz。

(3)双差定位法可以很好地消除速度模型估算错误带来微地震定位的误差,提高相对位置的定位精度;互相关数据的加入将进一步提高事件簇相对位置的精确度,可以对微观精细结构进行成像。

(4)子事件法通过波包峰值的方法识别出多个子事件,通过这些子事件的先后顺序可以确定裂缝破裂的方向,对第十九段压裂数据的处理结果表明,该方法得到的结果可以指示出压裂液的流动情况,即:在压裂过程中,微地震事件从射孔位置向外扩散延伸,这与子事件法分析得到结果一致,在停止压裂后,压裂液回流,微地震事件迁移方向从东北方向向井筒流动,而子事件分析法也给出了同样的结果。

(5)快波方向由于是盆地原生裂缝定向排列产生的,注水压裂引起的应力变化会导致地震各向异性随时间发生变化。

第7章 结 论

7.1 主要研究成果及创新点

水力压裂引起岩石发生破裂,利用微地震事件的时空分布来描述缝网的形成和发展过程是评价储层渗透率的改善效果的关键,但是,储层埋深一般在地下 3 000 m 左右,通过微地震方法得到的裂缝展布和裂缝拓展过程难以通过其他方法验证。实验室的岩石压裂实验给了我们利用微地震研究裂缝拓展,并进一步通过其他方法进行验证的条件。

本书通过对页岩样品的声发射实验,借用微地震的双差定位法和能量反投影方法,得到样品中微裂缝拓展过程,并通过对比微地震(声发射)获得的微裂缝展布和 CT 技术扫描的微裂缝展布,深入分析微地震(声发射)技术在反演裂缝拓展过程中的精度。通过理论模拟和实验室声发射实验,建立了微地震和微裂缝破裂过程的关系,并利用该方法研究了水力压裂页岩中微裂缝的拓展。具体的研究成果如下。

(1)影响声发射定位误差的程度由大到小依次为:速度模型误差、各向异性误差、走时拾取误差;双边监测比单边监测误差小,而单边监测会使裂缝面倾角变小;速度估算偏大,定位结果发散,速度估算偏小,定位结果收缩;震源定位误差随着距离检波器中心点位置的增大而增大,对于同一震中距,深度越浅,速度模型估算误差带来的影响也越大;各向异性会对定位产生影响,在精确定位或者裂缝解释时,应该考虑到各向异性。

（2）能量反投影方法利用波形信息,可以获取声发射和水力压裂过程中的微地震破裂面的形态;相位加权叠加可以大幅度提高能量反投影方法的成像精度;成像分辨率由 Rayleigh 准则控制:$(s_2-s_1)/v \geqslant T/2-L/v_0$。

（3）声发射率特征变化与泵压变化一致,即泵压增大,声发射率升高,泵压减小,声发射率降低;双差定位法可以获得裂缝的形态信息,通过与 CT 扫描切片进行对比,验证了该定位算法的正确性,垂直于裂缝方向定位位置会出现偏离,震级小的声发射事件不能与 CT 扫描图对应一致;能量反投影可以勾勒出微观岩石裂缝破裂的动态迁移过程,并且可以估算出其破裂的速度,反投影法得到的裂缝形态与 CT 裂缝有一定的偏离。

（4）地表台站双差定位法可以很好地确定微地震事件的水平位置,提高微地震事件之间相对位置的精度,克服了传统方法在精细结构上分辨率不高的缺点;子事件法通过波包峰值的方法识别出多个子事件,通过这些子事件的先后顺序可以确定裂缝破裂的方向,对第十九段压裂数据的处理结果表明,该方法得到的结果可以得出压裂液的流动情况;地震干涉测量法具有很大的潜力,能够对天然裂缝进行成像,并监测油气藏开采过程中地下裂缝随着时间变化。

7.2　现有问题及未来展望

我们通过研究,提出了研究裂缝破裂过程的震源定位的方法,虽然本书有助于解释裂缝破裂过程,但是还存在着以下不足和需要完善的地方:

（1）本次挑选的事件都是高信噪比事件,事件数目较少,不能很好地反映裂缝的形态和大小;为了提高裂缝的识别率,可以采用弱信号检测来提高微地震事件目录。

（2）本书提出的方法可以得到裂缝的形状和大小,以及裂缝破裂过程,但是无法得到裂缝面破裂的震源机制信息,下一步可以考虑加入震源机制反演来进一步解释裂缝破裂面的信息。

参考文献

［1］葛洪魁，王小琼. 油气储层压裂改造体积与 4D 监测［C］//中国地球物理学会. 中国地球物理学会第二十九届年会论文集. 昆明，2013：414.

［2］潘林华，程礼军，陆朝晖，等. 页岩储层水力压裂裂缝扩展模拟进展［J］. 特种油气藏，2014，21（4）：1-6.

［3］陈海潮，唐有彩，钮凤林，等. 利用微地震参数评估水力压裂改造效果研究进展［J］. 石油科学通报，2016，1（2）：198-208.

［4］张云银，刘海宁，李红梅，等. 应用微地震监测数据估算储层压裂改造体积［J］. 石油地球物理勘探，2017，52（2）：309-314.

［5］FISHER M K, HEINZE J R, HARRIS C D, et al. Optimizing horizontal completion techniques in the barnett shale using microseismic fracture mapping ［C］//SPE Annual Technical Conference and Exhibition. Houston, Texas, 2004：90051.

［6］CASTELLANOS F, BAAN M V D. Microseismic Event Locations Using the Double-Difference Algorithm［J］. CSEG Recorder, 2013, 38（3）：26-37.

［7］CHEN Y K, ZHANG H J, MIAO Y Y, et al. Back azimuth constrained double-difference seismic location and tomography for downhole microseismic monitoring［J］. Physics of the Earth and Planetary Interiors, 2017, 264：35-46.

［8］ TIAN X, ZHANG W, ZHANG J. Cross double-difference inversion for simultaneous velocity model update and microseismic event location［J］. Geophysical Prospecting, 2017, 65(S1)：259-273.

［9］ MENG X B, CHEN H C, NIU F L, et al. Detection and location for microseismic events recorded by single-downhole acquisition with crosscorrelation method ［C］//SEG Technical Program Expanded Abstracts 2016. Dallas, Texas. Society of Exploration Geophysicists, 2016：2745-2749.

［10］唐有彩，钮凤林，陈海潮，等. 宽频带地震仪器在地表微地震监测中的应用[C]//2014 年中国地球科学联合学术年会论文集. 北京，2014：55.

［11］侯冰，陈勉，谭鹏，等. 页岩气藏缝网压裂物理模拟的声发射监测初探［J］. 中国石油大学学报(自然科学版)，2015，39(1)：66-71.

［12］雷兴林，李霞颖，李琦，等. 沉积岩储藏系统小断层在油气田注水诱发地震中的作用：以四川盆地为例[J]. 地震地质，2014，36(3)：625-643.

［13］STANCHITS S, BURGHARDT J, SURDI A. Hydraulic fracturing of heterogeneous rock monitored by acoustic emission［J］. Rock Mechanics and Rock Engineering, 2015, 48(6)：2513-2527.

［14］DONG L J, SUN D Y, LI X B, et al. Theoretical and experimental studies of localization methodology for AE and microseismic sources without pre-measured wave velocity in mines[J]. IEEE Access, 2017, 5：16818-16828.

［15］LOCKNER D A, BYERLEE J D, KUKSENKO V, et al. Quasi-static fault growth and shear fracture energy in granite[J]. Nature, 1991, 350：39-42.

［16］AUFMUTH R E, ALESZKA J C. A scanning electron microscope investigation of statically loaded foundation materials［J］. Environmental & Engineering Geoscience, 1976, 13(2)：137-149.

［17］BATZLE M L, SIMMONS G, SIEGFRIED R W. Microcrack closure in rocks under stress：Direct observation［J］. Journal of Geophysical Research：Solid

Earth, 1980, 85(B12): 7072-7090.

[18] NOLEN-HOEKSEMA R C, GORDON R B. Optical detection of crack patterns in the opening-mode fracture of marble[J]. International Journal of Rock Mechanics and Mining Sciences & Geomechanics Abstracts, 1987, 24(2): 135-144.

[19] COX S J D, SCHOLZ C H. Rupture initiation in shear fracture of rocks: An experimental study[J]. Journal of Geophysical Research: Solid Earth, 1988, 93(B4): 3307-3320.

[20] 赵永红, 黄杰藩, 王仁. 破裂带发展的扫描电镜实验研究及其对地震前兆的启示[J]. 地球物理学报, 1993, 36(4): 453-462.

[21] 刘冬梅, 蔡美峰, 周玉斌, 等. 岩石裂纹扩展过程的动态监测研究[J]. 岩石力学与工程学报, 2006, 25(3): 467-472.

[22] 赵兴东, 李元辉, 袁瑞甫, 等. 基于声发射定位的岩石裂纹动态演化过程研究[J]. 岩石力学与工程学报, 2007, 26(5): 944-950.

[23] LEI X L, TAMAGAWA T, TEZUKA K, et al. Role of drainage conditions in deformation and fracture of porous rocks under triaxial compression in the laboratory[J]. Geophysical Research Letters, 2011, 38(24): 24310.

[24] 侯振坤, 杨春和, 王磊, 等. 大尺寸真三轴页岩水平井水力压裂物理模拟试验与裂缝延伸规律分析[J]. 岩土力学, 2016, 37(2): 407-414.

[25] CONROY G C, VANNIER M W. Noninvasive three-dimensional computer imaging of matrix-filled fossil skulls by high-resolution computed tomography [J]. Science, 1984, 226(4673): 456-458.

[26] LOUIS L, WONG T F, BAUD P, et al. Imaging strain localization by X-ray computed tomography: Discrete compaction bands in Diemelstadt sandstone [J]. Journal of Structural Geology, 2006, 28(5): 762-775.

[27] LEI X L, NISHIZAWA O, KUSUNOSE K, et al. Fractal structure of the

hypocenter distributions and focal mechanism solutions of acoustic emission in two granites of different grain sizes[J]. Journal of Physics of the Earth, 1992, 40(6): 617-634.

[28] SCHOLZ C H. Experimental study of the fracturing process in brittle rock[J]. Journal of Geophysical Research, 1968, 73(4): 1447-1454.

[29] LEI X L, MASUDA K, NISHIZAWA O, et al. Detailed analysis of acoustic emission activity during catastrophic fracture of faults in rock[J]. Journal of Structural Geology, 2004, 26(2): 247-258.

[30] LEI X L. Typical phases of pre-failure damage in granitic rocks under differential compression [J]. Geological Society, London, Special Publications, 2006, 261(1): 11-29.

[31] LEI X L, SATOH T. Indicators of critical point behavior prior to rock failure inferred from pre-failure damage[J]. Tectonophysics, 2007, 431 (1-4): 97-111.

[32] MAIN I G, SAMMONDS P R, MEREDITH P G. Application of a modified Griffith criterion to the evolution of fractal damage during compressional rock failure[J]. Geophysical Journal International, 1993, 115(2): 367-380.

[33] THOMPSON B D, YOUNG R P, LOCKNER D A. Fracture in westerly granite under AE feedback and constant strain rate loading: Nucleation, quasi-static propagation, and the transition to unstable fracture propagation [J]. Pure and Applied Geophysics, 2006, 163(5): 995-1019.

[34] LEI X L, FUNATSU T, ERNESTO V, et al. Fault formation in foliated rock-insights gained from a laboratory study[C]// 8th International symposium on rockbursts and seismicity in mines. Moscow, 2013: 41-49.

[35] LEI X L, MA S L. Laboratory acoustic emission study for earthquake generation process[J]. Earthquake Science, 2014, 27(6): 627-646.

[36] LEI X L, KUSUNOSE K, NISHIZAWA O, et al. On the spatio-temporal distribution of acoustic emissions in two granitic rocks under triaxial compression: The role of pre-existing cracks [J]. Geophysical Research Letters, 2000, 27(13): 1997-2000.

[37] LEI X L, NISHIZAWA O, KUSUNOSE K, et al. Compressive failure of mudstone samples containing quartz veins using rapid AE monitoring: The role of asperities[J]. Tectonophysics, 2000, 328(3-4): 329-340.

[38] MCLASKEY G C, LOCKNER D A. Preslip and cascade processes initiating laboratory stick slip[J]. Journal of Geophysical Research: Solid Earth, 2014, 119(8): 6323-6336.

[39] LOCKNER D, BYERLEE J D. Hydrofracture in Weber Sandstone at high confining pressure and differential stress [J]. Journal of Geophysical Research, 1977, 82(14): 2018-2026.

[40] 雷兴林, 马瑾, 楠濑勤一郎, 等. 三轴压缩下粗晶花岗闪长岩声发射三维分布及其分形特征[J]. 地震地质, 1991, 13(2):97-114.

[41] 许昭永, 梅世蓉, 庄灿涛, 等. 真三轴压缩时几种岩样微破裂定位的初步结果[J]. 地震学报, 1992, 14(S1): 702-709.

[42] 蒋海昆, 张流, 王琦. 实验室声发射三维定位及标本波速场各向异性研究[J]. 地震, 1999, 19(3): 245-252.

[43] 胡新亮, 马胜利, 高景春, 等. 相对定位方法在非完整岩体声发射定位中的应用[J]. 岩石力学与工程学报, 2004, 23(2): 277-283.

[44] 赵兴东, 刘建坡, 李元辉, 等. 岩石声发射定位技术及其实验验证[J]. 岩土工程学报, 2008, 30(10): 1472-1476.

[45] 刘培洵, 刘力强, 黄元敏, 等. 声发射定位的稳健算法[J]. 岩石力学与工程学报, 2009, 28(S1): 2760-2764.

[46] BAXTER M G, PULLIN R, HOLFORD K M, et al. Delta T source location

for acoustic emission[J]. Mechanical Systems and Signal Processing, 2007, 21(3): 1512-1520.

[47] HOLFORD K M, CARTER D C. Acoustic emission source location[J]. Key Engineering Materials, 1999, 167/168: 162-171.

[48] LI X B, DONG L J. An efficient closed-form solution for acoustic emission source location in three-dimensional structures[J]. AIP Advances, 2014, 4 (2): 027110.

[49] KUSUNOSE K, NISHIZAWA O, ONAI K. AE gap in a rock under uniaxial compression[J]. Zisin (Journal of the Seismological Society of Japan 2nd Ser), 1982, 35(1): 91-102.

[50] NISHIZAWA O, ONAI K, KUSUNOSE K. Hypocenter distribution and focal mechanism of AE events during two stress stage creep in Yugawara andesite [J]. Pure and Applied Geophysics, 1984, 122(1): 36-52.

[51] HIRATA T, SATOH T, ITO K. Fractal structure of spatial distribution of microfracturing in rock[J]. Geophysical Journal International, 1987, 90(2): 369-374.

[52] ZANG A, WAGNER F C, STANCHITS S, et al. Fracture process zone in granite[J]. Journal of Geophysical Research: Solid Earth, 2000, 105(B10): 23651-23661.

[53] THOMPSON B D, YOUNG R P, LOCKNER D A. Premonitory acoustic emissions and stick-slip in natural and smooth-faulted Westerly granite[J]. Journal of Geophysical Research: Solid Earth, 2009, 114(B2): B02205.

[54] HAMPTON J, GUTIERREZ M, MATZAR L, et al. Hydraulic rock fracture damage quantification using acoustic emission source parameters[C]// 13th ISRM International Congress of Rock Mechanics. Montreal, Canada, 2015.

[55] MANTHEI G. Characterization of acoustic emission sources in a rock salt

specimen under triaxial compression[J]. Bulletin of the Seismological Society of America, 2005, 95(5): 1674-1700.

[56] BRACE W F, PAULDING B W Jr, SCHOLZ C. Dilatancy in the fracture of crystalline rocks[J]. Journal of Geophysical Research, 1966, 71 (16): 3939-3953.

[57] SCHOLZ C H. Microfracturing and the inelastic deformation of rock in compression [J]. Journal of Geophysical Research, 1968, 73 (4): 1417-1432.

[58] NOLET G. Quantitative seismology, theory and methods[J]. Earth-Science Reviews, 1981, 17(3): 296-297.

[59] SONDERGELD C H, ESTEY L H. Source mechanisms and microfracturing during uniaxial cycling of rock[J]. Pure and Applied Geophysics, 1982, 120 (1): 151-166.

[60] TAMURA T. Focal mechanisms of acoustic emissions in Abukuma-granite under uniaxial and biaxial compressions [J]. The Science Reports of the Tohoku University, 1980, 30: 1-14.

[61] SATOH T, IDEHARA O, NISHIZAWA O, et al. Hypocenter distribution and focal mechanisms of AE events under triaxial compression[J]. Zisin (Journal of the Seismological Society of Japan 2nd Ser), 1986, 39(3): 351-360.

[62] 雷兴林. 岩石声发射实验研究概况[J]. 地震地质译丛, 1989, 11(6): 55-60.

[63] SATOH T, NISHIZAWA O, KUSUNOSE K. Fault development in oshima granite under triaxial compression inferred from hypocenter distribution and focal mechanism of acoustic emission[J]. The Science Reports of the Tohoku University, 1990, 33: 241-250.

[64] 雷兴林, 西沢修, 楠濑勤一郎, 等. 两种不同粒度花岗岩中的声发射的震

源分布分形结构和震源机制解[J]. 世界地震译丛, 1994, 25(5): 66-74.

[65] MEGLIS I L, CHOWS T M, YOUNG R P. Progressive microcrack development in tests in Lac du Bonnet granite—I. Acoustic emission source location and velocity measurements [J]. International Journal of Rock Mechanics and Mining Sciences & Geomechanics Abstracts, 1995, 32(8): 741-750.

[66] ZANG A, CHRISTIAN WAGNER F, STANCHITS S, et al. Source analysis of acoustic emissions in Aue granite cores under symmetric and asymmetric compressive loads[J]. Geophysical Journal International, 1998, 135(3): 1113-1130.

[67] KATSAGA T, YOUNG R P. Acoustic emission and X-ray tomography imaging of shear fracture formation in concrete[J]. Journal of Acoustic Emission, 2007, 25: 294-307.

[68] GILBERT F. Excitation of the normal modes of the earth by earthquake sources[J]. Geophysical Journal International, 1971, 22(2): 223-226.

[69] STUMP B W, JOHNSON L R. The determination of source properties by the linear inversion of seismograms[J]. Bulletin of the Seismological Society of America, 1977, 67(6): 1489-1502.

[70] RICE J R. Elastic wave emission from damage processes[J]. Journal of Nondestructive Evaluation, 1980, 1(4): 215-224.

[71] OHTSU M. Simplified moment tensor analysis and unified decomposition of acoustic emission source: Application to in situ hydrofracturing test[J]. Journal of Geophysical Research: Solid Earth, 1991, 96(B4): 6211-6221.

[72] YUYAMA S, LI Z W, ITO Y, et al. Quantitative analysis of fracture process in RC column foundation by moment tensor analysis of acoustic emission[J]. Construction and Building Materials, 1999, 13(1-2): 87-97.

[73] SHIGEISHI M, OHTSU M. Acoustic emission moment tensor analysis: Development for crack identification in concrete materials[J]. Construction and Building Materials, 2001, 15(5-6): 311-319.

[74] CARVALHO F C S, LABUZ J F. Moment tensors of acoustic emissions in shear faulting under plane-strain compression[J]. Tectonophysics, 2002, 356 (1-3): 199-211.

[75] CHANG S H, LEE C I. Estimation of cracking and damage mechanisms in rock under triaxial compression by moment tensor analysis of acoustic emission [J]. International Journal of Rock Mechanics and Mining Sciences, 2004, 41 (7): 1069-1086.

[76] YU H Z, ZHU Q Y, YIN X C, et al. Moment tensor analysis of the acoustic emission source in the rock damage process[J]. Progress in Natural Science, 2005, 15(7): 609-613.

[77] KAO C S, CARVALHO F C S, LABUZ J F. Micromechanisms of fracture from acoustic emission [J]. International Journal of Rock Mechanics and Mining Sciences, 2011, 48(4): 666-673.

[78] GRAHAM C C, STANCHITS S, MAIN I G, et al. Comparison of polarity and moment tensor inversion methods for source analysis of acoustic emission data [J]. International Journal of Rock Mechanics and Mining Sciences, 2010, 47 (1): 161-169.

[79] DAHM T. Relative moment tensor inversion based on ray theory: Theory and synthetic tests [J]. Geophysical Journal International, 1996, 124 (1): 245-257.

[80] GROSSE C, REINHARDT H, DAHM T. Localization and classification of fracture types in concrete with quantitative acoustic emission measurement techniques[J]. NDT & E International, 1997, 30(4): 223-230.

［81］DAHM T, MANTHEI G, EISENBLÄTTER J. Relative moment tensors of thermally induced microcracks in salt rock［J］. Tectonophysics, 1998, 289 (1-3): 61-74.

［82］DAHM T, MANTHEI G, EISENBLÄTTER J. Automated moment tensor inversion to estimate source mechanisms of hydraulically induced micro-seismicity in salt rock［J］. Tectonophysics, 1999, 306(1): 1-17.

［83］MANTHEI G, EISENBLÄTTER J, DAHM T. Moment tensor evaluation of acoustic emission sources in salt rock ［J］. Construction and Building Materials, 2001, 15(5-6): 297-309.

［84］GROSSE C U, FINCK F, KURZ J H, et al. Improvements of AE technique using wavelet algorithms, coherence functions and automatic data analysis［J］. Construction and Building Materials, 2004, 18(3): 203-213.

［85］LINZER L M. A relative moment tensor inversion technique applied to seismicity induced by mining［J］. Rock Mechanics and Rock Engineering, 2005, 38(2): 81-104.

［86］GROSSE C U, FINCK F. Quantitative evaluation of fracture processes in concrete using signal-based acoustic emission techniques［J］. Cement and Concrete Composites, 2006, 28(4): 330-336.

［87］TO A C, GLASER S D. Full waveform inversion of a 3-D source inside an artificial rock［J］. Journal of Sound and Vibration, 2005, 285 (4-5): 835-857.

［88］KAWAKATA H, CHO A, YANAGIDANI T, et al. The observations of faulting in westerly granite under triaxial compression by X-ray CT scan［J］. International Journal of Rock Mechanics and Mining Sciences, 1997, 34(3-4): 151. e1-151. e12.

［89］LANDIS E N, NAGY E N. Three-dimensional work of fracture for mortar in compression［J］. Engineering Fracture Mechanics, 2000, 65（2-3）: 223-234.

［90］丁卫华, 仵彦卿, 蒲毅彬, 等. 基于 X 射线 CT 的岩石内部裂纹宽度测量［J］. 岩石力学与工程学报, 2003, 22（9）: 1421-1425.

［91］BENSON P M, THOMPSON B D, MEREDITH P G, et al. Imaging slow failure in triaxially deformed Etna basalt using 3D acoustic-emission location and X-ray computed tomography［J］. Geophysical Research Letters, 2007, 34（3）: L03303.

［92］CAI Y D, LIU D M, MATHEWS J P, et al. Permeability evolution in fractured coal--Combining triaxial confinement with X-ray computed tomography, acoustic emission and ultrasonic techniques［J］. International Journal of Coal Geology, 2014, 122: 91-104.

［93］HAMPTON J, HU D D, MATZAR L, et al. Cumulative volumetric deformation of a hydraulic fracture using acoustic emission and micro-CT imaging［C］//48th U. S. Rock Mechanics/Geomechanics Symposium. Minneapolis, Minnesota, 2014.

［94］DUNCAN P M, EISNER L. Reservoir characterization using surface microseismic monitoring［J］. Geophysics, 2010, 75（5）: 75A139-75A146.

［95］ZENG X, ZHANG H, ZHANG X, et al. Surface microseismic monitoring of hydraulic fracturing of a shale-gas reservoir using short-period and broadband seismic sensors［J］. Seismological Research Letters, 2014, 85（3）: 668-677.

［96］ROUX P F, KOSTADINOVIC J, BARDAINNE T, et al. Increasing the accuracy of microseismic monitoring using surface patch arrays and a novel processing approach［J］. First Break, 2014, 32（7）: 95-101.

［97］TAN Y Y, HE C. Improved methods for detection and arrival picking of microseismic events with low signal-to-noise ratios［J］. Geophysics, 2016, 81

（2）：KS93-KS111.

［98］SNELLING P, TAYLOR N. Optimization of a shallow microseismic array design for hydraulic fracture monitoring：A horn river basin case study［J］. CSEG Recorder, 2013, 38（3）：22-25.

［99］ZUO Q K, TANG Y C, MENG X B, et al. Rupture directions of hydraulic fractures derived from microseismic waveform complexity［C］//SEG Technical Program Expanded Abstracts 2017. Houston, Texas, 2017.

［100］HIRABAYASHI N. Real-time event location using model-based estimation of arrival times and back azimuths of seismic phases［J］. Geophysics, 2016, 81 （2）：KS67-KS81.

［101］SWIECH E. Downhole microseiseismic monitoring of shale deposits case staudy from Northern Poland［J］. Acta Geodynamica et Geomaterialia, 2017：297-304.

［102］ZHOU W, WANG L S, GUAN L P, et al. Microseismic event location using an inverse method of joint P-S phase arrival difference and P-wave arrival difference in a borehole system［J］. Journal of Geophysics and Engineering, 2015, 12（2）：220-226.

［103］VERDHORA RY R, SEPTYANA T, WIDIYANTORO S, et al. Improved location of microseismic events in borehole monitoring by inclusion of particle motion analysis：A case study at a CBM field in Indonesia［J］. IOP Conference Series：Earth and Environmental Science, 2017, 62：012025.

［104］WALDHAUSER F. A double-difference earthquake location algorithm：Method and application to the northern Hayward fault, California［J］. Bulletin of the Seismological Society of America, 2000, 90（6）：1353-1368.

［105］GRIGOLI F, CESCA S, KRIEGER L, et al. Automated microseismic event location using Master-Event Waveform Stacking［J］. Scientific Reports,

2016, 6: 25744.

[106] GHARTI H N, OYE V, ROTH M, et al. Automated microearthquake location using envelope stacking and robust global optimization [J]. Geophysics, 2010, 75(4): MA27-MA46.

[107] KAO H, SHAN S J. The source-scanning algorithm: Mapping the distribution of seismic sources in time and space[J]. Geophysical Journal International, 2004, 157(2): 589-594.

[108] DREW J, WHITE R S, TILMANN F, et al. Coalescence microseismic mapping [J]. Geophysical Journal International, 2013, 195 (3): 1773-1785.

[109] TROJANOWSKI J, EISNER L. Comparison of migration-based location and detection methods for microseismic events [J]. Geophysical Prospecting, 2017, 65(1): 47-63.

[110] CAFFAGNI E, EATON D W, JONES J P, et al. Detection and analysis of microseismic events using a Matched Filtering Algorithm (MFA) [J]. Geophysical Journal International, 2016, 206(1): 644-658.

[111] STANĚK F, ANIKIEV D, VALENTA J, et al. Semblance for microseismic event detection [J]. Geophysical Journal International, 2015, 201 (3): 1362-1369.

[112] GIBBONS S J, RINGDAL F. The detection of low magnitude seismic events using array-based waveform correlation [J]. Geophysical Journal International, 2006, 165(1): 149-166.

[113] BAO X W, EATON D W. Fault activation by hydraulic fracturing in western Canada[J]. Science, 2016, 354(6318): 1406-1409.

[114] MENG X B, CHEN H C, NIU F L, et al. Microseismic monitoring of stimulating shale gas reservoir in SW China: 1. an improved matching and

locating technique for downhole monitoring [J]. Journal of Geophysical Research: Solid Earth, 2018, 123(2): 1643-1658.

[115] 许忠淮, 阎明, 赵仲和. 由多个小地震推断的华北地区构造应力场的方向[J]. 地震学报, 1983, 5(3): 268-279.

[116] REASENBERG P, OPPENHEIMER D. FPFIT, FPPLOT and FPPAGE: Fortran computer programs for calculating and displaying earthquake fault-plane solutions[R]. California: U. S. Geological Survey, 1985.

[117] KISSLINGER C, BOWMAN J R, KOCH K. Procedures for computing focal mechanisms from local (SV/P)zdata[J]. Bulletin of the Seismological Society of America, 1981, 71(6): 1719-1729.

[118] 梁尚鸿, 李幼铭, 束沛镒,等. 利用区域地震台网 P、S 振幅比资料测定小震震源参数[J]. 地球物理学报, 1984, 27(3):249-257.

[119] 姚振兴, 郑天愉, 温联星. 用 P 波波形资料反演中强地震地震矩张量的方法[J]. 地球物理学报, 1994, 37(1):37-44.

[120] EKSTRÖM G, NETTLES M, DZIEWOŃSKI A M. The global CMT project 2004-2010: Centroid-moment tensors for 13, 017 earthquakes[J]. Physics of the Earth and Planetary Interiors, 2012, 200: 1-9.

[121] 杨心超, 朱海波, 崔树果, 等. P 波初动震源机制解在水力压裂微地震监测中的应用[J]. 石油物探, 2015, 54(1): 43-50.

[122] KIM J, WOO J U, RHIE J, et al. Automatic determination of first-motion polarity and its application to focal mechanism analysis of microseismic events [J]. Geosciences Journal, 2017, 21(5): 695-702.

[123] DU J, ZIMMER U, WARPINSKI N. Fault plane solutions from moment tensor inversion for microseismic events using single-well and multi-well data [J]. CSEG Recorder, 2011, 36(8):22-29.

[124] XU W Y, LE CALVEZ J, THIERCELIN M. Characterization of

hydraulically-induced fracture network using treatment and microseismic data in a tight-gas formation: A geomechanical approach[C]//SPE Tight Gas Completions Conference. San Antonio, Texas, USA, 2009.

[125] MEYER B R, BAZAN L W. A discrete fracture network model for hydraulically induced fractures: Theory, parametric and case studies[C]// SPE Hydraulic Fracturing Technology Conference. The Woodlands, Texas, USA, 2011.

[126] WARPINSKI N R, MAYERHOFER M J, VINCENT M C, et al. Stimulating unconventional reservoirs: Maximizing network growth while optimizing fracture conductivity[J]. Journal of Canadian Petroleum Technology, 2009, 48(10): 39-51.

[127] ZIMMER U. Calculating stimulated reservoir volume (SRV) with consideration of uncertainties in microseismic-event locations[C]//Canadian Unconventional Resources Conference. Calgary, Alberta, Canada, 2011.

[128] HUGOT A, DULAC J C, GRINGARTEN E, et al. Connecting the dots: Microseismic-derived connectivity for estimating reservoir volumes in low-permeability reservoirs [C]//Proceedings of the 3rd Unconventional Resources Technology Conference. San Antonio, Texas, USA, 2015.

[129] DOWD P A, XU C S, MARDIA K V, et al. A comparison of methods for the stochastic simulation of rock fractures[J]. Mathematical Geology, 2007, 39(7): 697-714.

[130] XU C, DOWD P A, WYBORN D. Optimisation of a stochastic rock fracture model using Markov Chain Monte Carlo simulation[J]. Mining Technology, 2013, 122(3): 153-158.

[131] RUTLEDGE J T, PHILLIPS W S. Hydraulic stimulation of natural fractures as revealed by induced microearthquakes, Carthage Cotton Valley gas field,

East Texas[J]. Geophysics, 2003, 68(2): 441-452.

[132] 刘建中, 王春耘, 刘继民, 等. 用微地震法监测油田生产动态[J]. 石油勘探与开发, 2004, 31(2): 71-73.

[133] EISNER L, HULSEY B J, DUNCAN P, et al. Comparison of surface and borehole locations of induced seismicity[J]. Geophysical Prospecting, 2010, 58(5): 809-820.

[134] EARLE P S, SHEARER P M. Characterization of global seismograms using an automatic-picking algorithm[J]. Bulletin of the Seismological Society of America, 1994, 84(2): 366-376.

[135] MENANNO G, VESNAVER A, JERVIS M. Borehole receiver orientation using a 3D velocity model[J]. Geophysical Prospecting, 2013, 61(s1): 215-230.

[136] 江海宇, 刘玉海, 孙海林, 等. 微地震地面监测层状起伏速度模型校正算法[J]. 吉林大学学报(工学版), 2017, 47(6): 1969-1975.

[137] 王家映. 地球物理反演理论[M]. 2版. 北京: 高等教育出版社, 2002.

[138] 尹陈, 刘鸿, 李亚林, 等. 微地震监测定位精度分析[J]. 地球物理学进展, 2013, 28(2): 800-807.

[139] LI J L, ZHANG H J, RODI W L, et al. Joint microseismic location and anisotropic tomography using differential arrival times and differential backazimuths[J]. Geophysical Journal International, 2013, 195(3): 1917-1931.

[140] 云美厚. 地震分辨率[J]. 油气藏评价与开发, 2005, 28(1):12-18.

[141] RICKER N. Wavelet contraction, wavelet expansion, and the control of seismic resolution[J]. Geophysics, 1953, 18(4): 769-792.

[142] MUIRHEAD K J. Eliminating false alarms when detecting seismic events automatically[J]. Nature, 1968, 217: 533-534.

[143] MCFADDEN P L, DRUMMOND B J, KRAVIS S. The Nth-root stack: Theory, applications, and examples [J]. Geophysics, 1986, 51 (10): 1879-1892.

[144] ISHII M, SHEARER P M, HOUSTON H, et al. Extent, duration and speed of the 2004 Sumatra-Andaman earthquake imaged by the Hi-Net array [J]. Nature, 2005, 435: 933-936.

[145] XU Y, KOPER K D, SUFRI O, et al. Rupture imaging of the M_w 7.9 12 May 2008 Wenchuan earthquake from back projection of teleseismic P waves [J]. Geochemistry, Geophysics, Geosystems, 2009, 10(4): Q04006.

[146] 马新仿, 李宁, 尹丛彬, 等. 页岩水力裂缝扩展形态与声发射解释: 以四川盆地志留系龙马溪组页岩为例[J]. 石油勘探与开发, 2017, 44 (6): 974-981.

[147] ZOU Y S, MA X F, ZHOU T, et al. Hydraulic fracture growth in a layered formation based on fracturing experiments and discrete element modeling[J]. Rock Mechanics and Rock Engineering, 2017, 50(9): 2381-2395.

[148] 辛勇亮. 威远地区页岩气水平井压裂工艺技术研究[J]. 油气井测试, 2017, 26(2): 64-67.

[149] 潘涛, 姜歌, 孙王辉. 四川盆地威远地区龙马溪组泥页岩储层非均质性[J]. 断块油气田, 2016, 23(4): 423-428.

[150] WILLIS M E, BURNS D R, RAO R, et al. Spatial orientation and distribution of reservoir fractures from scattered seismic energy [J]. Geophysics, 2006, 71(5): O43-O51.

[151] CHEN H C, MENG X B, NIU F L, et al. Microseismic monitoring of stimulating shale gas reservoir in SW China: 2. spatial clustering controlled by the preexisting faults and fractures[J]. Journal of Geophysical Research: Solid Earth, 2018, 123(2): 1659-1672.

[152] MIYAZAWA M, SNIEDER R, VENKATARAMAN A. Application of seismic interferometry to extract P- and S-wave propagation and observation of shear-wave splitting from noise data at Cold Lake, Alberta, Canada [J]. Geophysics, 2008, 73(4): D35-D40.

[153] SNIEDER R, WAPENAAR K, WEGLER U. Unified Green's function retrieval by cross-correlation; connection with energy principles[J]. Physical Review E, Statistical, Nonlinear, and Soft Matter Physics, 2007, 75(3 Pt 2): 036103.

[154] CHEN L W, CHEN Y N, GUNG Y C, et al. Strong near-surface seismic anisotropy of Taiwan revealed by coda interferometry [J]. Earth and Planetary Science Letters, 2017, 475: 224-230.

[155] TSVANKIN I. Anisotropic parameters and P-wave velocity for orthorhombic media[J]. Geophysics, 1997, 62(4): 1292-1309.

[156] THOMSEN L. Weak elastic anisotropy[J]. Geophysics, 1986, 51(10): 1954-1966.

[157] BONESS N L, ZOBACK M D. Stress-induced seismic velocity anisotropy and physical properties in the SAFOD Pilot Hole in Parkfield, CA [J]. Geophysical Research Letters, 2004, 31(15): L15S17.

[158] LIU Y, ZHANG H, THURBER C, et al. Shear wave anisotropy in the crust around the San andreas fault near parkfield: Spatial and temporal analysis [J]. Geophysical Journal International, 2008, 172(3): 957-970.

[159] MIZUNO T, ITO H, KUWAHARA Y, et al. Spatial variation of shear-wave splitting across an active fault and its implication for stress accumulation mechanism of inland earthquakes: The Atotsugawa fault case [J]. Geophysical Research Letters, 2005, 32(20): L20305.

[160] PENG Z G, BEN-ZION Y. Spatiotemporal variations of crustal anisotropy

from similar events in aftershocks of the 1999 $M7.4$ İzmit and $M7.1$ Düzce,
Turkey, earthquake sequences[J]. Geophysical Journal International, 2005,
160(3): 1027-1043.

[161] TONEGAWA T, FUKAO Y, NISHIDA K, et al. A temporal change of shear
wave anisotropy within the marine sedimentary layer associated with the 2011
Tohoku-Oki earthquake[J]. Journal of Geophysical Research: Solid Earth,
2013, 118(2): 607-615.

[162] OKADA Y. Surface deformation due to shear and tensile faults in a half-
space[J]. Bulletin of the Seismological Society of America, 1985, 75(4):
1135-1154.

[163] OKADA Y. Internal deformation due to shear and tensile faults in a half-
space[J]. Bulletin of the Seismological Society of America, 1992, 82(2):
1018-1040.